THE ART OF
THE SHOE

鞋的历史

[法] 玛丽·何塞·博桑　著

田明刚　秦丽　译

SPM
南方传媒　广东人民出版社
·广州·

上图 "阿卡"（Akha）凉鞋，金三角阿卡部落的服饰（装饰有回收的古柯和其他丛林植物种子，6厘米金属鞋跟，皮革材质），巴黎"特里基特里克萨"（Trikitrixa）品牌。

目录

飞行员靴（Aviator Boots），
约 1914 年，法国。

引言

———————————— 鞋子：文明与艺术的产物

当代人除了关注鞋子的舒适度或优雅之外，一般很少会对这种生活必需品产生兴趣。然而，鞋子在人类的文明史与艺术史上占据着重要地位。

当我们与大自然失去联系时，便忽视了鞋子的深刻意义。然而，当我们重新接触大自然，特别是通过运动，我们会重新发现其意义所在。无论是滑雪、徒步旅行、狩猎、踢足球、打网球还是骑马，所穿的鞋子都是精心挑选的。它是不可或缺的工具，也是个人职业或品位的标志。

过去几个世纪，人们依赖气候、植被和土壤条件，而且大部分工作都需要体力劳动，因此鞋子对每个人来说都非常重要。而如今，它只对少数人来说很重要。我们在雪地和热带地区、森林和草原、沼泽和山地，工作、打猎或钓鱼时所穿的鞋子都有所不同。因此，鞋子能够为我们提供关于栖息地和生活方式的宝贵指示。

在根据种姓制度或阶级秩序建立起来的等级森严的社会中，服装决定了一切。像君主、资产阶级、士兵、神职人员和仆人都能通过衣着来区分各自的身份。尽管鞋子不如帽子那样让人眼前一亮，但也能以一种更为苛刻的方式诠释不同文明的灿烂与辉煌，并揭露社会阶层和各种族之间所存在的微妙差异。另外，鞋子也是身份的象征，就像戒指只能戴在最纤细的手指上，"水晶鞋"也只适合最精致的美人。

鞋子向我们传达着不同国家和地区的习俗，它告诉我们印度北方游牧骑兵是如何通过保护独特的靴子来获得印度次大陆主权的；溜冰鞋会唤起哈曼人（Hamman）的记忆，而拖鞋则暗示着伊斯兰教禁止人们穿着鞋子进入圣地。

有时鞋子还具有象征意义，它不仅出现在各种仪式上，还与人生中的重要时刻密切相关。据说女人穿高跟鞋的目的是它能让女性在婚礼时变得更高，以此来提醒自己，这是她唯一能主宰丈夫的时刻。

为了模仿雄鹿，萨满（Shaman）在所穿的靴子上装饰兽皮和兽骨，希望能像对方一样在精神世界里奔跑。我们与所穿之物密切相关，所以我们若要升华生命，那么装饰头部就有必要了；如果是为了方便运动，那么就应该装饰脚部。雅典娜有一双金鞋，对赫尔墨斯来说就是一双登云靴；珀尔修斯为了寻找飞行的方法，便前往仙女那里寻找有翼的便鞋。

传说与神话遥相呼应。这双七里靴（seven-league boots）可以根据食人魔或"小拇指"（Little Thumb）的体型变大或变小，并让他们在天地之间自由奔跑。穿靴子的猫对它的主人说道："只要给我做一双靴子，你就会发现自己并没有想象中那么倒霉。"

脚通常被认为是人体最谦逊、最不受欢迎的部位。那么鞋子就一定会比脚的地位高吗？毫无疑问，偶尔是这样，但并非总是如此。赤脚不会一直与神圣脱离联系，有时还能将这份神圣传递给鞋子。那些跪拜或怀有崇敬的人不断地拜倒在男人的脚下；在湿润或尘土飞扬的地面上，只有人们的脚印才是他们经过的唯一证据。鞋子作为一种特定的配饰，有时可以代表曾经穿过它的人，也代表那些已经不复存在但我们不敢再追溯其面容的人；其中，最为典型的例子就是原始佛教是通过座位或脚印来召唤创始人形象的。

鞋子由各种各样的材料组成，其中包括皮革、木材、织物和稻草。无论是朴素的还是精致的鞋子，它的外形和装饰都能使其成为一件艺术品。但有时从鞋子的外形来看，它更注重实用性而非审美性——当然，也并非总是如此，接下来本书会介绍许多外形怪异的鞋子——但它们所用的布料设计、刺绣、嵌饰和颜色的选择总能贴切地展示它们所属国家的艺术特色。

鞋子与其他物品不同，它的地位更加重要，因为像武器和乐器这样的物品只适用于特定的社会群体。其中，地毯就只是少数文明的产物，无法成为富人阶级的"奢侈品"，也无法成为穷人的民俗品。然而，鞋子却能从社会底层一直沿用到社会最高层，从一个群体普及到另一个群体，最后全世界的人都在穿。

让-保罗·鲁

（Jean-Paul Roux，法国国家科研中心名誉研究导师，卢浮宫学院伊斯兰艺术荣誉终身教授）

上图　这是一件从阿塞拜疆一座坟墓中出土的陶土鞋模型，来自公元前 13—前 12 世纪，脚趾是向上翘的，现藏于瑞士舍嫩韦德的巴利博物馆。

下图　铁鞋，出自叙利亚，公元前 800 年，现藏于瑞士舍嫩韦德的巴利博物馆。

第1章
从古代到我们的时代

史前时代

　　显然，史前人类对鞋子并不熟悉：我们已知的石器时代遗迹都表明人们是光脚的。然而，人们在旧石器时代晚期（约公元前 14000 年）的西班牙洞穴壁画中发现马格德林人（Magdalenian man）穿的却是草靴。根据法国古生物学家兼史前学家步日耶（Breuil，1877—1961 年）神父的说法，新石器时代的人们在恶劣环境中把兽皮包在脚上以免受伤害。史前的鞋子也许设计得很粗糙，但功能上却很实用。在阿尔卑斯冰川发现的冰人奥茨（Ötzi the Iceman）穿的靴子至今仍然保存完好就是一个很好的例子。鹿皮鞋面和熊皮鞋底能让他们到很远的地方交易物资。选择这些材料制鞋主要因为它能够保护脚免遭恶劣环境的影响。只有到了古代文明时期，鞋子才有了审美和装饰性的意义，成为社会地位真正的标志。

古代东方文明时期的鞋子

　　自公元前 4000 年在美索不达米亚和埃及兴盛的第一批伟大文明中，出现了鞋的三种基本类型：鞋、靴子和凉鞋。1938 年，一支考古队在叙利亚的布拉克市挖掘一座神庙时，发现了一只鞋头翘起的黏土鞋。这只黏土鞋的历史可以追溯到公元前 3000 多年前，证明了这座城市与美索不达米亚地区乌尔的苏美尔文明有着共同的特征：公元前 2600 年左右，阿卡德时代（the Akkadian era）的美索不达米亚印章上记录了尖头鞋。在美索不达米亚，这种鞋与叙利亚鞋的不同之处在于它鞋尖要高很多，并饰有绒球，是王室专用鞋履。这种翘起的鞋头形状源于征服者所处的崎岖地形。后来这种形状的鞋子传播到小亚细亚，赫梯人把它作为民族服装的一部分。这种尖头鞋经常出现在浅浮雕中，如公元前 1275 年的雅兹勒卡雅（Yazilikaya）神殿浮雕。擅长航海的腓尼基人将这种尖头鞋传播到塞浦路斯、迈锡尼和克里特。它出现在宫殿壁画上，被描绘进皇家游戏和皇家仪式中。雷米尔陵墓（Rekhmire's tomb，埃及第十八王朝，公元前 1580—前

上图　阿卡德王朝时期的浮雕，公元前 2340—前 2200 年，古代美索不达米亚，高 3.6 厘米，现藏于巴黎卢浮宫。

下图　"国王处死狮子"浅浮雕，出自尼尼微的亚述巴尼拔尔宫，公元前 638—前 630 年，现藏于伦敦大英博物馆。

1558 年）的壁画装饰描绘了克里特人穿着尖头短靴，表明这段时期克里特和埃及保持着联系。亚述帝国从公元前 9 世纪到前 7 世纪主宰了古代中东，那时建筑的纪念碑上就有描绘凉鞋和靴子的雕像。他们的凉鞋是由鞋底和鞋带组成的简易鞋子；靴子高帮覆腿，是一种骑马人穿的鞋子。公元前 6 世纪中期到公元前 4 世纪末，由大流士二世约在公元前 550 年建立的波斯王朝逐渐推行一种同质文化。阿契美尼德王朝工匠雕刻的宗教游行浅浮雕作品提供了该时期服装和鞋履的文献记录。

古埃及

古埃及是第一批凉鞋的故乡。这种带有绑带的平底鞋的兴起是为了应对埃及的气候和地理环境。

在公元前 3100 年左右的纳玛尔（Narmer）国王壁画中，一位"鞋奴"跟随着君王，前臂上放着凉鞋，这表明自那时起鞋子在礼仪服装中就非常重要，因此得到重视。

虽然埃及壁画中常常描绘人们赤足行走，但那时的男人和女人也会穿凉鞋。埃及凉鞋通常由皮革、编织的稻草、棕榈、纸莎草及沼泽地生长的芦苇、芦荟制成。凉鞋对每个人来说都是奢侈品，法老和社会名流们的凉鞋更是用黄金制成。对埃及墓穴的挖掘表明，这个物体一开始确实是为了实用而设计的，但却具备一定的社会功能。凉鞋在整个法老文明时期形式上保持着连续性，一直持续到埃及基督教的科普特时代（the Coptic era）。当法老进入神庙时，或者当他的臣民在礼堂举行祭礼时，他们就会在圣殿的入口处脱下凉鞋，这是穆斯林后来进入清真寺时采用的习俗。该习俗展示了鞋子和神圣之间的紧密关系，这种关系在特定的《圣经》章节中有所表述，我们也将在后文进行讨论。公元前 2000 年，埃及出现了一种凸起的凉鞋，这可能是受赫梯人的影响。它是"波兰那"（poulaine）的前身，也就是尖头凉鞋，这是十字军从东方引入欧洲的一种古怪时尚。当凉鞋作为随葬品供木乃伊在阴间使用时，它们就被放在箱子里，或是画在石棺内部木制的水平装饰带的彩绘图案上。显然它们具有防护作用。

金字塔时代的文本提到的凉鞋反映了死者的愿望："穿着白色凉鞋在美丽的天堂小路上漫步，受到祝福的人们在那里徜徉。"

上图　一个正在制作凉鞋的人，壁画浮雕，公元前 1567—前 1320 年埃及第十八王朝时期，现藏于纽约大都会艺术博物馆。

上图　这是一双装饰有金子的木制凉鞋，是法老图坦卡蒙的珍宝之一，来自第十八王朝时期的底比斯地区，现藏于开罗埃及博物馆。

下图　这是一双埃及凉鞋，采用植物纤维制成，现藏于瑞士舍嫩韦德的巴利博物馆。

《圣经·旧约》里的鞋子

一般来说，《圣经》中的人物，无论是上帝的选民（希伯来人）还是盟友或敌人，都穿着凉鞋，这印证了凉鞋的近东起源可以追溯到古文明的源头。《旧约》中很少会提及凉鞋的设计和装饰。它不仅是重要的行走工具，还具有重要的象征意义。对于凉鞋的象征意义，《圣经》可以从不同层面进行分析，包括在圣地脱鞋，在军事远征、法律行动和日常仪式中的使用，以及作为女性性感配饰的使用。

其中，"脱鞋才能进入圣地"中最出名的例子则是，上帝命令摩西脱掉鞋子："不要再走近。脱掉你的鞋子，因为你所站的地方是圣地。"（《摩西五经》中的《出埃及记》[*The Pentateuch，Exodus，III，5*]）

当希伯来人来到"应许之地"的入口时，这种情况再次发生了。正如《约书亚记》中所记载的："约书亚靠近耶利哥的时候，举目观看，不料有一个人手里有拔出来的刀，对面站立。约书亚到他那里，问他说：'你是帮助我们，还是帮助我们的敌人呢？'他回答说：'不是的，我来是要当耶和华军队的元帅。'约书亚就俯伏在地下拜，说：'我主有什么话吩咐仆人？'耶和华军队的元帅对约书亚说：'把你脚上的鞋脱下来，因为你所站的地方是圣地。'"（《约书亚记》，5：13—15）

约书亚与摩西接到的命令是一样的。而且《约书亚记》中的另一个故事也提到了鞋子。国王们发现路过约旦河时，便联合起来，准备对抗约书亚和以色列，但基遍人（Gibeonites）则希望不惜一切代价与以色列结盟，于是他们出谋划策，让以色列误以为他们是从远方来的。

"他们拿旧口袋和破裂缝补的旧皮酒袋驮在驴上，将补过的旧鞋穿在脚上，把旧衣服穿在身上。"（《约书亚记》，9：3）约书亚问他们："你们是什么人，从哪里来的？"他们回答说："仆人从极远之地而来……这皮酒袋，我们盛酒的时候还是新的，看啊，现在已经破裂。我们这衣服和鞋，因为道路甚远，也都穿旧了。"（《约书亚记》，9：5，8，13）

这些鞋子与摩西最后一次讲道中提到的鞋子形成了对比。他对自己的百姓说："我领你们在旷野四十年，你们身上的衣服并没有穿破，脚上的鞋子也没穿坏。"（《申命记》，29：5）

《旧约》在许多军事背景下也提到了鞋子。《撒母耳记》是以腓力斯丁人

（Philistines）的战争为背景。著名的大卫与歌利亚之战的丰富插图描绘的是公元前1010—前970年的场景，这个时间比事件本身发生的时间要晚得多。通常情况下，我们可以从这些插画中看到腓力斯丁巨人脚上穿着凉鞋，且腿部装备着盔甲，但在《圣经》中只提到了腿上有盔甲："他头戴铜盔，身穿铠甲，甲重五千舍客勒，腿上有铜护膝，两肩之中背负铜戟。"（《撒母耳记》，17：5—6）

当大卫王提醒儿子所罗门，他的仆人约押（Joab）杀死了两名以色列军队的指挥官时，这只鞋只是战争意象的一部分："他在太平之时，流这二人的血，如在战争之时一样，将这血染了腰间束的带和脚上穿的鞋。"（《列王纪上》，2：5）。先知以赛亚在描述来自极远之地的军事威胁时，也提到了鞋："其中没有疲倦的、绊跌的，没有打盹的、睡觉的；腰带并不放松，鞋带也不折断。他们的箭快利，弓也上了弦。"（《以赛亚书》，5：27—28）以赛亚预测埃及将击败争夺近东地区统治权的宿敌亚述，在预言中，鞋子及其缺失也扮演了重要的角色："亚述王撒珥根（Sargon）打发他珥探（Tartan）到亚实突（Ashdod）的那年，他珥探就攻打亚实突，将城池攻取。那时，耶和华晓谕亚摩斯（Amoz）的儿子以赛亚说：'你去解开你腰间的麻布，脱下你脚上的鞋。'以赛亚就这样做，露体赤脚行走。'耶和华说：'我仆人以赛亚怎样露身赤脚行走三年，作为关乎埃及和古实的预兆奇迹；照样，亚述王也必掳去埃及人，掠去古实人（Ethiopians），无论老少，都露身赤脚，现出下体，使埃及蒙羞。以色列人必因所仰望的古实，所夸耀的埃及，惊惶羞愧。'"（《以赛亚书》：20：1—5）

据说，在某个地方扔掉或丢下鞋子便象征着占领此处。这让人联想到法老图坦卡蒙践踏敌人的画面。《诗篇》的第60、108章歌颂了以丹（Edam）军事远征的准备工作："摩押（Moab）是我的沐浴盆，我要向以东抛鞋。非利士啊，你还能因我欢呼吗？""我们依靠神，才能施展大能，因为践踏我们敌人的就是他。"（《诗篇》，60：8；《诗篇》108：9：13）在以色列王国中，用脚踏方式给田地作标记或将鞋子留在田地都象征着合法所有权，这一传统的基本文本出现在《路得记》中："从前，在以色列中要定夺什么事，或赎回或交易，这人就脱鞋给那人。以色列人都以此为证据。那人对波阿斯说：'你自己买吧！'于是将鞋脱下来了。波阿斯对长老和众民说：'你们今日作见证，凡属以利米勒（Elimelech）和基连（Chilion）、玛伦（Mahlon）的，我都从拿俄米（Naomi）手中置买了，又娶了玛伦的妻摩押女子路得为妻，好在死人的产业上存留他的名，免得他的名在本族本乡消失。你们今日可以作见证。'"（《路得记》，4：7—10）根据希伯来法律，如果一个人的兄弟没有留下男性继承人就去世了，那么他必须娶兄弟的遗孀为妻，而凉鞋也具有法律象征意义。《申命记》对此给出了更为详尽的解释："那人若不愿意娶她哥哥的妻，他哥哥的妻就要到城门长老那里说：'我丈夫的兄弟不肯在以色列中兴起他哥哥的名字，不给我尽弟兄的本分。'本城的长老就要召那人来问他，他若执意说：'我不愿意娶她。'他哥哥的妻就要当着长老到那人的跟前，脱了他的鞋，吐唾沫在他脸上说：'凡不为哥哥建立家室的，都要这样待他。'""在以色列中，他的名必称为'脱鞋之家'"。（《申命记》，25：7—10）赤脚行走也象征哀悼。在仪式中，逝者的亲属们会脱下帽子、光着脚丫，用头巾遮盖脸的一部分，并食用邻居送来的面包。以西结在哀悼先知时，也提到了这种做法："人子啊，我要将你眼目所喜爱的忽然取去，你却不可悲哀哭泣，也不可流泪，只可叹息，不可出声，不可办理丧事；头上仍勒裹头巾，脚上仍穿鞋，不可蒙着嘴唇，也不可吃吊丧的食物。"（《以西结书》，24：16—17）

公元前 8 世纪，阿摩司（Amos）援引了穷人的合法权利，并对因金钱腐化而不公正的以色列法院进行谴责。比如，以色列的法官即使没有充分的证据，也会做出判决，以此来换取微薄的礼物，这种做法遭到了先知们的谴责："我必不免去他们的刑罚；因他们为银子卖了义人，为一双鞋卖了穷人。"（《阿摩司书》，2：6—8）

在《友第德传》（Judith）中，鞋子象征着引诱。书中记载了亚述王尼布甲尼撒（Nebuchadnezzar）的军队占领了巴勒斯坦一座名为"伯图里亚"（Bethulia）的小村庄："以我军的脚掌，遮遍他们的地面，使他们遭受浩劫。"（《友第德传》，2：7）

虔诚的寡妇友第德离开城镇，自愿前往敌人的营地："脚踏凉鞋，挂上项链，戴上手镯、指环、耳环，以及各种装饰品；打扮得花枝招展，令男人见了，无不注目而视。"（《友第德传》10：4）友第德凭借自己的花容月貌，激起了亚述军队领袖敖罗斐乃(Holphernes)的欲望，最终趁他在宴会醉酒昏迷时割下他的头颅。她用这种方式转移了亚述军队的注意力，其中包括 12 万步兵和 12 万骑兵。在《圣经》中为这位"圣女贞德"所唱的感恩赞美诗中，胜利的凉鞋成为女性诱惑的配件之一："凉鞋夺目，玉容勾魂，弯刀断其颈。"（《友第德传》，16：9）。

《圣经》对于鞋子的审美问题大多保持了缄默。以西结在描述耶路撒冷的有罪之爱时，含蓄地提及了鞋子："我也使你身穿绣花衣服，脚穿海狗皮鞋，并用细麻布给你束腰，用丝绸为衣披在你身上。"（《以西结书》16：10）。而词语"靴子"仅在《以赛亚书》中出现了一次（"战士在战争喧嚷中所穿的靴"［《和平之君的降生》，《以赛亚书》9：5］）。人们主要把凉鞋视为一种象征，这种象征在穆斯林进入清真寺前脱鞋的仪式中得以延续。该仪式至今在信仰伊斯兰教的国家依然存在。

右图　意大利画家多梅尼科·法蒂（Domenico Fetti）的作品《摩西跪在燃烧的灌木丛前》，现藏于维也纳艺术史博物馆。

上图 这些凉鞋是在马赛（Massada）堡垒中发现的。

《新约》中的鞋子：耶稣的凉鞋

《马太福音》《马可福音》《路加福音》和《约翰福音》等使徒著作证实
了施洗者约翰在约旦河彼岸的伯大尼（Bethania）为人们施洗时所给出的预言：
"……但那在我以后来的，能力比我更大，我就是给他提鞋也不配。"（《马太
福音》，3：11）"他传道说，有一位在我以后来的，能力比我更大，我就是弯
腰给他解鞋带也是不配的。"（《马可福音》，1：7）

"我是用水给你们施洗，但有一位能力比我更大的要来，我就是给他解鞋带
也不配。"（《路加福音》，3：16）

"……但有一位站在你们中间，是你们不认识的，就是那在我以后来的，我
给他解鞋带也不配。"（《约翰福音》，26—27）

这里说所的鞋子是指用带子绑在脚上的凉鞋。这种凉鞋在罗马占领巴勒斯坦
期间很流行，耶稣的同代人都穿着它们，而且《新约》中也多次被提到。如果我
们看了《马太福音》和《路加福音》中有关召唤七十二门徒的故事，那么故事

中的耶稣会建议他们赤脚行走："腰袋里不要带金银铜钱。行路不要带口袋，不要带两件褂子，也不要带鞋和拐杖……"（《马太福音》10：9—10）"凡不接待你们、不听你们话的人，你们离开那家或是那城的时候，就把脚上的尘土跺下去。"（《马太福音》10：14）"……你们去吧！我差你们出去，如同羊羔进入狼群。不要带钱囊，不要带口袋，不用带鞋……"（《路加福音》10：3—4）

然而，《马可福音》给出的版本并不同："并且嘱咐他们，行路的时候不要带食物和口袋，腰袋里也不要带钱，除了拐杖以外，什么都不要带，只要穿鞋，也不要穿两件褂子……"（《马可福音》，6：8—9）

尽管《马可福音》强调禁欲主义，但它保留了鞋子作为旅行的象征，正如让-保罗·鲁在《鞋子在宗教中的象征意义来自亚伯拉罕的后裔：犹太教、基督教和伊斯兰教》（*The symbolism of the shoe in the religions descended from Abraham*：*Judaism*，*Christianity*，*and Islam*）一文中所解释的那样。在《路加福音》中的浪子回头寓言中，父亲面对他刚回家的儿子时说："把那上好的袍子快拿出来给他穿，把戒指戴在他指头上，把鞋穿在他脚上。"（《路加福音》15：22）只有自由人才能享受穿鞋的权利，因为奴隶没有穿鞋的权利。《新约》中《使徒行传》记载了圣彼得使徒的解救故事，其中也提到了鞋子："彼得被两条铁链锁着，睡在两个兵丁中间，看守他的人就在门外。忽然，主的一个使者站在旁边，

上图　弗朗索瓦·布歇（François Boucher）的《圣彼得试图在水上行走》，1766 年，现藏于凡尔赛圣路易主教座堂。

屋里有光照耀。天使拍彼得的肋旁，拍醒了他，说：'快快起来！'那铁链就从他手上脱落下来。天使对他说：'束上带子，穿上鞋！'他就那样做。天使又说：'披上外衣，跟着我来。'"（《使徒行传》，12：6—8）

17世纪，菲利普·德·尚帕涅（Philippe de Champaigne）在职业生涯后期创作了油画《基督被钉上十字架》（现藏于图卢兹奥古斯汀博物馆）。该画描绘了"人们将绑带式凉鞋随意地扔在地上"的场景，这正如施洗者约翰所预言的那样。最后，如果

上图 一双鞋面点缀着镀金图案的男士拖鞋，来自科普特时代的埃及，现藏于罗马国际鞋履博物馆。

下图 古希腊演员穿着厚底鞋的象牙雕像，现藏于巴黎小皇宫博物馆。

我们翻开《马太福音》，就可以读到："夜里四更天，耶稣在海面上走，往门徒那里去。门徒看见他在海面上走，就惊慌了，说：'是个鬼怪！'便害怕，喊叫起来。耶稣连忙对他们说：'你们放心，是我，不要怕！'彼得说：'主，如果是你，请叫我从水面上走到你那里去'。耶稣说：'你来吧！'彼得就从船上下去，在水面上走，要到耶稣那里去；只因见风甚大，他就害怕，将要沉下去，便喊着说：'主啊，救我！'"（《马太福音》，14：25—30）18 世纪，布歇的作品《圣彼得在水上行走》正是以这个福音见证为主题的，其中使徒赤脚，而耶稣则穿着华丽的凉鞋，真是让人惊叹！而这种款式的凉鞋是根据罗马贵族所穿的款式而设计的。

总而言之，希律王在死海沙漠里建造马赛堡垒，从中发现的简易鞋（用于走路而非仪式使用）很好地表明了使徒们提到的耶稣基督及其同时代的人所穿的鞋子类型。这类鞋子也更加符合耶稣基督的贫穷精神。这种鞋子的使用长达数个世纪，尤其在非洲。现在很多国家仍能找到类似的鞋子，它通常就是用废弃轮胎剪出一块简单鞋底，再加上 Y 形的鞋带。另外，耶稣的凉鞋还为一些 21 世纪的设计师开辟了新的方向，他们从凉鞋中汲取灵感并更新其外观。

科普特人

科普特文明是古代文明和中世纪之间的桥梁。科普特人是法老的直系后裔，同时也是信奉基督教的埃及人。我们对其鞋子的了解主要来自 19 世纪的考古发掘，尤其是在阿赫明（Achmin）地区。

我们可以从公元 1 世纪至 4 世纪的木乃伊织物和石棺上的装饰获取更多信息，这些文物描绘的人通常穿着凉鞋，但有时人们会以赤足的方式出现。公元 4 世纪，葬礼习俗发生了变化，逝者会身着他们最为珍贵的服饰下葬。从那时起，彩绘纺织品就已消失了，只在一些石碑上偶尔能看见为数不多的尖头鞋图像。

正如整个古埃及时期一样，科普特人并不知道高跟鞋：他们的鞋子、靴子和凉鞋都是扁平底的。人们很少会穿全靴和踝靴，因为它们主要供男性使用。这些鞋的形式变化不大，但科普特的鞋匠们在装饰技巧上却发挥了想象力，他们使用红棕色皮革，将皮革卷成螺旋形，从金色皮革上剪出几何图案，甚至还会雕刻鞋底。

古希腊

就像古埃及一样，古希腊最流行的鞋也是凉鞋。荷马史诗《伊利亚特》和《奥德赛》中的英雄们穿着青铜鞋底的凉鞋，而众神则穿着金制凉鞋。传说迈锡尼国王阿伽门农会用银钩固定护腿甲，以此来保护自己的腿部。

古希腊哲学家恩培多克勒（Empedocles），公元前 450 年生于阿格里根坦（Agrigentum），在他的故事里就出现了凉鞋。据说，恩培多克勒想让人们相信他已经升入天堂，于是他钻进了埃特纳火山的洞口。然而，火山吞噬了他，他的凉鞋却被完好无损地喷射了出来，这就暴露了升入天堂的骗局。

维尔吉纳地区的墓穴考古发现证实了富裕的马其顿人在腓力二世（公元前382—前336年）统治时期穿着用金底或镀金银底制成的凉鞋。这种希腊凉鞋，男女皆可穿，鞋底一般采用皮革或软木制成，厚度可变，针对左右脚进行差异化设计，并用绑带固定在脚上。起初，它的设计较为简单，后来变得更加精致而复杂。我们可以从那一时期的雕塑作品中看到这种变化，比如在《狩猎女神戴安娜》（现藏于巴黎卢浮宫）作品中戴安娜所穿的凉鞋。此外，雅典陶器上的图案是一些穿着系带靴子的人，这种靴子被称为"恩德罗米德斯"（Endromides），如果饰有垂翼的话，则把它称为"恩巴斯"（Embas）。

至于其他鞋履的款式，值得一提的是赫梯尖头鞋，虽然爱奥尼亚族裔对这种鞋十分熟悉，但从未传播到希腊本土。希腊的花瓶画家们也曾描绘过这种鞋款，因为他们希望给自己的作品增添一些东方风情。埃斯库罗斯（公元前525—前456年）发明了厚底鞋，这种鞋是古希腊悲剧演员扮演英雄和神明角色时所穿的鞋子，其底部采用加厚的软木制成，因此能够增加身高，但身体会缺乏稳定性。然而，戏剧用鞋却能够适应两只脚的大小，因此有"戏剧鞋比厚底鞋功能更多"的说法。饶有趣味的是，戏剧靴因为其高度成为高跟鞋起源的代表，而它在古代文明时期并未流行起来，直到 16 世纪末才出现在意大利。

希腊的鞋履种类极为丰富，这与柏拉图（公元前428—前348年）提倡赤脚行走的观点相背离。

左图 《狩猎女神戴安娜》雕塑，公元前 2 世纪复制品，原作诞生于公元前 4 世纪的古希腊，据传为莱奥·哈雷斯（Léo Charès）作品，大理石材料，现藏于巴黎卢浮宫。

伊特鲁里亚人

　　伊特鲁里亚人很有可能起源于小亚细亚，并于公元前 8 世纪末出现在今天的意大利托斯卡纳地区。他们墓地的写实绘画（比如《躺卧餐桌》[Triclinium]、《塔尔奎尼亚》[Tarquinia]、《卡西里》[Caere]）描绘了众神和凡人都穿着赫梯人的高趾鞋。到了公元前 4 世纪，伊特鲁里亚地区开始流行绑带凉鞋、系带鞋和系带靴子（laced boots），这表明他们与地中海盆地周围的其他民族有了亲密的交往。

左图　这个阿提卡杯出自埃皮克提图（Epiktétos），约公元前 500 年，现藏于雅典古市集博物馆。

右图　这是一件阿提卡陶罐，上面画有黑色人物图案，描绘了一个修鞋匠工作室内的场景，约公元前 520—前 510 年，现藏于波士顿艺术博物馆。

下图　罗马的图拉真柱（Trajan
column）上有一块浅浮雕，其中
罗马军团士兵穿着军靴，创作于
公元 113 年，由大理石制成。

古罗马

古罗马继承了古希腊文明，所以在鞋子上也受到了希腊的影响。

在古罗马时期，鞋子是社会地位和财富的象征。一些贵族穿着银质或实心金质鞋底的鞋子，而平民则满足于穿着木屐或木制鞋底的粗糙鞋子。奴隶没有权利穿鞋，只能赤脚行走，其脚底会涂上白垩或石膏。地位尊贵的罗马公民应邀赴宴时，会派人替自己把凉鞋送到主人家。而不那么幸运的人则需要亲自携带鞋子，因为一直穿着外出鞋会被视为不礼貌。在罗马，人们还曾将床作为餐桌，因此进餐前还需要脱下鞋子，离开时再穿上。

罗马常用鞋大致分为两类："薄底凉鞋"（solea）和高底礼仪鞋（calceus，与托加长袍一起穿的闭趾鞋［closed toe shoe］）。而其他类型的鞋子在颜色、形状和结构上都有所变化。地方行政官穿着奇怪的鞋子，鞋尖弯曲，由黑色或白色皮革

上图　这是一尊巨大的穿着主教鞋的战神马尔斯雕像，创作于公元 1 世纪，现藏于罗马卡皮托利内博物馆。

制成，并在侧面装饰有金色或银色的新月形图案。与古埃及和古希腊的鞋子一样，古罗马鞋会针对左右脚进行差异化设计。制鞋匠是公民而非奴隶，他们在店铺中工作，这一点对于理解鞋子在人们心中的地位至关重要。

在古罗马时期，鞋子在军事领域开始显得格外重要。军靴（caliga）是古罗马士兵穿的鞋子，属于凉鞋的一种。它绑在脚上，有厚实的皮革鞋底和尖头的鞋钉。通常情况下，士兵需要自行购买鞋钉，但在某些情况下鞋钉也会免费分发，比如在"克拉瓦里乌姆"（clavarium）的仪式上，分发鞋钉属于该仪式的一部分。

据说，卡利古拉（Caligula）皇帝小时候就经常穿军靴，而"卡利古拉"这一昵称的意思也是"小军靴"。穆勒鞋是一款封闭式鞋子，颜色为红色，与高底礼仪鞋相差无几。皇帝、行政官和元老院议员的子女都穿着此类鞋子，它的名字来源于贝壳中提取出来的鲜红色染料。主教鞋（campagus）则是一种露脚的长靴，装饰着皮草，还经常镶有珍珠和宝石，主要供将军们穿用，而深红色的主教鞋则为皇帝专用。

就像古希腊一样，凉鞋和拖鞋主要是为女性在室内穿着而设计的。平底拖鞋是一种尖部翘起的拖鞋，两只脚相同，显然源自波斯人，也将成为土耳其的传统鞋。这些精致而小巧的鞋子激起了那个时代恋物癖的性欲。

斯维都尼亚斯（Suetonius，70—128 年）讲述了罗马参议员卢修斯·维提里乌斯（Lucius Vitellus）的故事：他毫不羞愧地将其情人穿在右脚上的拖鞋藏在长袍下，然后在公众场合取出鞋子并亲吻它。在一段时间内，红色鞋子一直是罗马妓女的特有象征。奥勒留（Aurelius，212—275 年）皇帝穿上红鞋后，红鞋便成为帝国的象征，这一传统后来也受到教皇的采纳，随后又被欧洲各国的宫廷所效仿，纷纷穿上了红色高跟鞋。

我们从尤维纳利斯（Juvenal，55—140 年）的著作中得知，用鞋子打屁股是对儿童和奴隶的严厉惩罚，而且还十分常见。

浪漫的罗马人将鞋子用于更加浪漫的目的，他们会把情书夹在凉鞋和红颜知己的脚之间。这样一来，凉鞋就成了情书投递箱，正如奥维德（Ovid，公元前43—公元 17 年）在《爱的艺术》一书中所提倡的那样。

左图　这是一块高卢－罗马时期的鞋匠墓碑，来自法国马恩省兰斯的塞雷斯郊区，公元 2 世纪，现藏于兰斯圣雷米博物馆。摄影：罗比·穆勒（Robert Meulle）。

右图　这是一只拜占庭时期的凉鞋，现藏于瑞士舍嫩韦德的巴利博物馆。

高卢－罗马人

　　高卢－罗马人穿着各种款式的平底鞋，鞋头一般呈圆形。其中最流行的是基于罗马款式的普通凉鞋，男女皆适用。

　　女式蝴蝶结高跟鞋是一种封闭式鞋子，鞋底是木质的，后来演变成了胶鞋（木底的套鞋）。

　　一座来自 11 世纪的鞋匠纪念碑证实了制鞋业的存在以及这些工匠所享有的尊重。

上图　这是来自拉文纳的圣维塔大教堂的马赛克镶嵌画，约公元 547 年，描绘了查士丁尼皇帝及其廷臣。

下页图　圣雷米的描绘克洛维斯洗礼情景的彩色玻璃窗（496 年）。圣文德圣殿，里昂二区，由 L. 恰拉特（L.Charat）和拉米－派勒夫人（Mrs.Lamy-Paillet）于 1964 年拍摄。由里昂美术馆的 J. 波尼特（J.Bonnet）供图。

拜占庭帝国

　　拜占庭文明从公元 5 世纪延续到 15 世纪，在此期间生产了大量深红色的皮革鞋，上面镶有金边，这让人联想到波斯风格的刺绣靴子以及罗马的平底拖鞋和穆勒鞋。

　　拜占庭式的穆勒鞋和拖鞋最初是为皇帝和他的宫廷所保留的奢华而精致的物品。在地中海东部，特别是在亚历山大周围和尼罗河谷地区，人们都穿着深红色或金色的拖鞋。在阿赫明发现了许多女人的鞋子。基督教制鞋匠的到来使这个地区的制鞋工艺得以复兴，他们在几何装饰传统上加入了基督教象征。其中，在埃及墓穴中发现的凉鞋就是一个很好的例子，现藏于瑞士舍嫩韦德的巴利博物馆。该凉鞋可追溯至公元 6 世纪，上面饰有代表基督的鸽子图案。

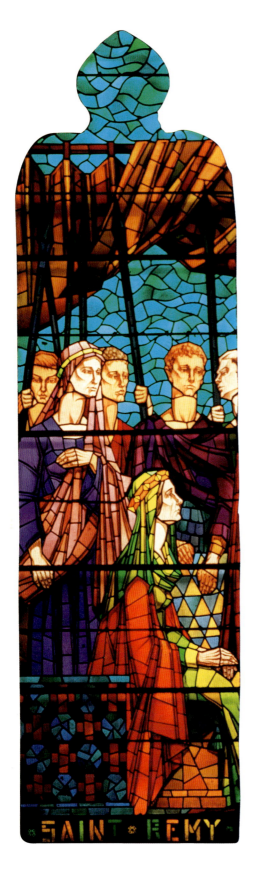

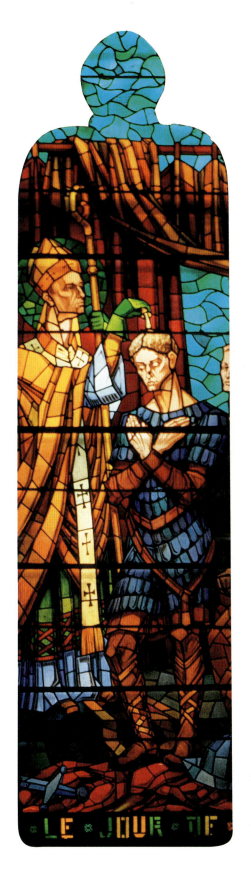

LE · JOUR · DE · NOEL · 496

中世纪

在中世纪，人们仍然保持着古罗马式的鞋履风格。法兰克人穿着带有绑带的鞋子，而且绑带可以延伸到大腿中部。其中，只有他们的领导者才能穿尖头鞋。

由于某些墓葬几乎保存完好，我们对墨洛温王朝时期的鞋子有了一定的了解。在圣但尼发现的克洛泰尔一世（Clotaire I，约497—561年）妻子阿恩贡德（Arégonde）王后的墓里，我们能发现她穿的鞋子是柔软的皮革凉鞋，绑带缠绕着腿部。此外，在霍戴姆的一位领袖墓穴中，发现了镀金青铜鞋扣，上面饰有动物图案，这证明了此时期人们很注重鞋子的装饰。在中世纪，鞋子价格昂贵，因此它们经常会出现在遗嘱里，并成为捐赠给修道院的物品之一。鞋子的高昂价格解释了未婚夫会向未婚妻送一双刺绣鞋的原因，这一可爱的传统可以追溯到图尔的格列高利（Gregory of Tours，约538—594年）。而且，我们可以从巴黎附近的谢勒博物馆保存完好的这个时期的鞋子中感受到这份礼物的奢华。

绑带或系带鞋子一直延续到加洛林王朝时期，并且女士鞋子变得更加华丽。至于木底鞋或者厚木底高帮鞋也仍在使用。

从那时起，士兵们开始用皮革或金属裹腿来保护他们的腿部。到了9世纪，一种名叫"黑斯鞋"的鞋子宣告了靴子的到来，这种鞋子由柔软的皮革制成，并且可以延伸到腿部以上。

我们从圣加仑修道院的僧侣那里得知，查理曼大帝（742—814年）穿着简单的靴子，用带子缠绕在腿上，他会在仪式上穿着镶有宝石的系带靴子。但法国与意大利频繁的交流促进了人们对王室服饰的追求，于是鞋子逐渐成为一种奢侈品。

与此同时，宗教委员会命令神职人员在做弥撒时穿上"礼拜鞋"。这些圣鞋被称为凉鞋，是用布料做的，能完全覆盖教士的脚部。教皇阿德里安一世（Adrian I，772—795年在位）设立了吻脚仪式。当有一些神职人员认为这种仪式有失体面时，

上页图　《圣马克治愈皮匠阿尼安》，这是威尼斯的圣马可大教堂里的一幅13世纪马赛克镶嵌画。

上图 "波兰那"，现藏于瑞士舍嫩韦德的巴利博物馆。

中图 12世纪西班牙的礼拜鞋，用普通的刺绣缎子制成，饰有丝绸和金线。现藏于里昂纺织品历史博物馆。

下图 "波兰那"风格的鞋子，现藏于瑞士舍嫩韦德的巴利博物馆。

上图　马丁·德·布拉加（Martin de Braga）的作品，创作于 15 世纪下半叶，现藏于圣彼得堡艾尔米塔什博物馆。

双方达成了妥协：自此之后，教皇的拖鞋上绣上了十字架。亲吻十字架不再是奴役的标志，相反它是对世上基督教代表的敬意之举。关于制鞋方面，11 世纪的人们采用了法语词汇"科尔多瓦"（cordouanier，后来演变为"鞋商"［cordonnier］或"鞋匠"［shoemaker］），指的是与科尔多瓦皮革及其衍生品（各种皮革）相关的工人。在古代文明时期，鞋子分左右脚设计。那时，科尔多瓦皮革制成的鞋子为贵族所独享，而由鞋匠（修鞋匠）制作的鞋子则更加粗糙。11 世纪，鞋子更加普及，中世纪最常见的鞋款是一种开放式的鞋子，通过带扣子或按钮的皮革带子固定。

其他类型的鞋子还包括夏季踝靴"埃斯蒂沃"（estivaux），这种柔软而轻盈的皮革鞋在 11 世纪下半叶出现；镗靴是带有鞋底布质的靴子，这种靴子用皮革鞋底加固，并配合户外的木底鞋垫木套鞋，以及黑斯鞋使用。这些柔软的靴子最初专为绅士准备，但在腓力·奥古斯都（Philippe Auguste，1165—1223 年）统治时期才开始普遍起来。12 世纪初，鞋子变得越来越长。"皮加奇"（pigaches）这

上图　1434年，画家扬·凡·艾克（Jan van Eyck）创作了《阿尔诺芬尼夫妇像》，木板油画，尺寸为83.8cm×57.2cm，现藏于伦敦国家美术馆。

下页图　这是一幅源自《约翰·傅罗萨编年史》的15世纪插图，描绘了瓦卢瓦王朝的腓力六世接受英格兰国王爱德华三世献礼的情景，现藏于巴黎国家图书馆。

款鞋子是"波兰那"式鞋的前身，据说是一位名叫罗伯特·勒·科伦纳（Robert le Cornu）的骑士引入的。

十字军从东方带回了这种风格夸张的鞋子，它的鞋尖超长。这种风格源于叙利亚、阿卡德和赫梯文化中脚趾翘起的鞋子，并反映了欧洲哥特式的垂直美学。当收入微薄的人开始模仿这种最初专为贵族保留的古怪时尚时，当局则根据社会等级来规定鞋尖的长度：平民为 0.5 英尺（约 15 厘米），资产阶级为 1 英尺，骑士为 1.5 英尺，贵族为 2 英尺，王室为 2.5 英尺。此外，他们必须用拴在膝盖上的金链或银链将鞋尖托起，这样才能行走。鞋尖的长度等级形成了一句法国谚语"生活在一只大脚上"，这表明鞋长代表了世俗地位。

"波兰那"（尖头鞋的一种）由皮革、天鹅绒或锦缎制成。鞋面上可能会有哥特式教堂窗户的剪裁图案，有时候甚至会有一些淫秽的图案。鞋尖经常悬挂着一个小圆铃铛或鸟喙形状的装饰品，甚至还有专门为士兵穿盔甲而设计的军用"波兰那"尖头鞋。在 1386 年的奥地利战争中，骑士们不得不砍掉他们的"波兰那"鞋尖以免妨碍战斗。

在整个欧洲，无论男女，以及某些教士，都流行穿着"波兰那"。但是这种鞋子不仅受到了主教及宗教会议的谴责，而且各国的国王也纷纷下令禁止穿着此类鞋子。但这令"波兰那"更具诱惑力，在勃艮第王朝风靡一时。实际上，这种尖头鞋流行长达四个世纪之久，直到 16 世纪初才逐渐消失。

平底鞋在整个中世纪都很流行。不过，我们从扬·凡·艾克的《阿尔诺芬尼夫妇像》这幅画中可以看到，高鞋跟开始流行起来了。画中左边地板上随意摆着的木质防护鞋底显示出一种倾斜式的设计：后跟比前部更高一些。

在中世纪，鞋子是稀缺且价格昂贵的物品，所以人们会使用木制鞋底来防止在泥泞的小巷中弄脏鞋子。然而，这种鞋底会产生巨大的噪音，因此教堂严禁穿着此类鞋子。

圣克利斯平和圣克利斯皮尼安的传奇故事

圣克利斯平（Saint Crispin）和圣克利斯皮尼安（Saint Crispinian）是来自古罗马贵族家庭的两兄弟，他们在戴克里先（Diocletian，245—313 年）统治时期皈依了基督教。教皇加伊乌斯（Caius，283—296 年在位）给了他们教导高卢人皈依基督教的任务。公元 285 年，他们在苏瓦松定居下来，从事制鞋和传教工作。当罗马将军马克西米亚努斯·赫拉克勒斯（Maximianus Herculeus）要求他们放弃信仰，崇拜异教偶像时，两兄弟坚决拒绝，因而招致残酷迫害。他们先被鞭打，然后被锥子刺穿身体，再用沸油和熔铅烧伤身体，最后在他们的脖子挂上磨石后扔进了埃纳河。然而，奇迹发生了：磨石松动，这对鞋匠兄弟安然无恙地抵达岸边后便感谢上帝的保佑。马克西米亚努斯得知这个消息后，于公元 287 年砍下了他们的头颅。

虽然他们的尸体被丢给了秃鹫，但却完好无损，之后两个老乞丐给他们举行了隆重的葬礼。公元 649 年，苏瓦松的安塞里克（Ansérik）主教将他们的遗体

SAINCT 1593 CRESPIN

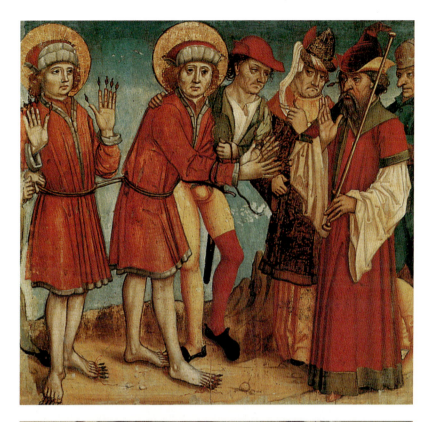

上、下图 这是
祭坛画《眼线大
师》中的场景，
创作于1500—
1510 年，绘有
圣克利斯平和
圣克利斯皮尼安
生平中的两个场
景，现藏于苏黎
世的瑞士国家博
物馆。

转移至一间地下室，这个地下室后来被改造成了圣克雷平大修道院。1379 年，查理五世（1338—1380 年）在巴黎大教堂成立了鞋匠公会，鞋匠们选择了圣克利斯平和圣克利斯皮尼安作为他们的守护神，并在 10 月 25 日正式举行庆祝典礼。许多圣克利斯平和圣克利斯皮尼安的画像仍然保留在教区教堂的礼拜堂里，中世纪晚期的鞋匠行会在那里向他们的守护神致敬并奉献祭坛。

跨页图　1594 年，画家维塔尔·德斯皮古（Vital Despigoux）创作了《殉教者圣克利斯平和圣克利斯皮尼安》作为供奉品，该画作现藏于法国的克莱蒙费朗大教堂。

文艺复兴

15 世纪末，方头鞋便俘获了时尚追求者的芳心，虽然这种鞋子看似与所谓的时尚格格不入，实际上它的设计灵感来自一种先天性畸形。查理八世的每只脚都有六个脚趾，因此他定制的鞋子都有超大的脚掌，这与以往的时尚发展方向背道而驰，并且越来越远。路易十二统治时期（1462—1515 年）流行穿瓦卢瓦鞋，这种鞋有时可达 33 厘米宽，鞋尖饰有各种动物的犄角，形如牛头，因此获有不少绰号，比如"牛口鼻"、"熊脚"和"鸭嘴"。这种古怪的鞋型意味着人们必须把双脚分得特别开才能正常行走，这显而易见地会招来讽刺的言论。

在同一时期，威尼斯人则穿着高跟鞋，此类鞋也称为穆勒高跷鞋（mules échasses）或牛脚鞋（pied de vach）。这些形状怪异的鞋子由丝带固定在脚上，具有令人惊讶的鞋底厚度，有的甚至高达 52厘米。鞋底本身由木材或软木制成，并用天鹅绒或华丽的皮革进行装饰。由于裙子能够遮住此鞋，所以穿这种鞋子可以免受他人的审视，但走起路来却十分滑稽。如果贵族女性穿上这款鞋子，就需要依靠两位仆人的肩膀来支撑身体，以确保行走安全。这种古怪时尚无疑源自土耳其，因为该国与威尼斯共和国总督有贸易往来。众人皆知，土耳其妇女洗澡时会穿着高跟鞋，并且由其改良的土耳其宫廷鞋已成功地在威尼斯贵族中间登堂入室。

西班牙塔拉韦拉的大主教禁止人们穿高跟鞋，并给穿着这种鞋子的女人贴上了"堕落和放荡"的标签。但另一方面，更为宽容的意大利教会却未将这种鞋子列入黑名单。这是因为他们与生性爱嫉妒的意大利丈夫勾结起来，费尽心机地让善变的妻子待在家里，以防发生婚外情。虽然穿着高跟鞋这种时尚受到了限制，但依然在欧洲宫廷里盛行开来，并且还传到了英格兰。正如莎士比亚在《哈姆雷特》中所言："夫人，您比我上次看见你穿着高跟鞋时更接近天堂。"（《哈姆雷特》，第二幕第二场）

16 世纪初，法国首次从意大利引进了拖鞋或穆勒鞋，款式适中，

上图　这是卡尔帕乔（Carpaccio）于 1500 年创作的《威尼斯的两位风尘女子》（*Two Venetian Courtesans*），现藏于威尼斯的科雷尔博物馆。

鞋底由厚实的软木制成，因其轻便而特别适合女性在室内穿。

从弗朗索瓦一世（1494—1547 年）到亨利三世（1551—1589 年）统治时期，男人和女人都穿着一种名为"埃斯卡菲尼翁"（escarfignon）的鞋子，也称为"埃沙平斯"（eschappins），这是一种平底拖鞋，由缎子或天鹅绒制成，鞋面设计为浅口并饰有镂空。从水平和垂直的镂空上可以看到长袜的珍贵面料。拉伯雷（Rabelais，1494—1553 年）在小说《巨人传》中精确地描述了这款鞋子，当他讲述特来美修道院中的服装时曾说道："所穿鞋子、便鞋或拖鞋，丝绒鞋面，颜色大红大紫，有虾须状镂空刺绣。"与这个时期的其他服装一样，该鞋采用了日耳曼风格，并用称为"克里夫"（crevés）的镂空进行装饰。然而，这种鞋子的发明要归功于弗朗索瓦一世时期在意大利战争中受伤的士兵，他们为了适应缠有绷带的脚部，迫不得已地调整鞋子。为了保护精致鞋履免受肮脏不堪的街道影响，木底鞋在户外使用仍然很受欢迎。

上图　这是 16 世纪在威尼斯制作的高跟鞋，现藏于罗马国际鞋履博物馆。

下图　这是一双 16 世纪意大利威尼斯人穿的木制高跟鞋，鞋面由兽皮制成，高为 49 厘米，现藏于罗马国际鞋履博物馆。

16 世纪末，高跟鞋开始流行，原因很可能是人们发现穿高跟鞋可以增加身高。最早的高跟鞋是用一块皮革固定在鞋底上的，我们可以从法国学派的画作《瓦卢瓦宫的舞会》（约 1582 年）中看到。该作品现藏于雷恩艺术博物馆里。

上页上图　这双约 1600 年在意大利威尼斯制作的高底鞋已磨坏，现藏于魏森费尔斯博物馆。图片经伊尔姆加德·塞德勒（Irmgard Sedler）授权。

上页下图　这是一双男士皮鞋，1530—1540 年，现藏于魏森费尔斯博物馆。图片经伊尔姆加德·塞德勒授权。

跨页图　这是法国 16 世纪亨利三世时期的女鞋，现藏于罗马国际鞋履博物馆。

上页图　这是 16 世纪画作《路易十一坐在宝座上，周围是圣米歇尔骑士团的骑士》，现藏于圣彼得堡的艾尔米塔什博物馆。

上图　这是保罗·卡里亚里（Paolo Caliari）的画作《西蒙家的晚餐》，创作于 1570 年左右，现藏于法国凡尔赛宫。

下页图　这是安东尼·凡·戴克（Anthony van Dyck）创作的布面油画《查理一世》，约 1635 年，尺寸为 266 cm×207 cm，现藏于巴黎卢浮宫。

47 页右图　这是弗兰斯·普布斯（Frans Pourbus）于 1610 年创作的画作《亨利四世》，现藏于巴黎卢浮宫。

17 世纪

　　17 世纪，法式风格在整个欧洲开始流行起来。亨利四世（1553—1610 年）统治时期，文艺复兴时期那种质量较差的"埃沙平斯"鞋开始被鞋面略高于鞋底的结实鞋子取代。17 世纪初，人们穿的是圆头鞋，到了路易十三（1601—1643 年）时期，就逐渐演变成了方头鞋。这一时期的所有鞋子都是侧面开口，而且鞋子顶部的固定方式都会采用搭扣或大蝴蝶结来进行装饰。该时期最大的创新就是鞋跟，它让男人和女人都能以一种独特的姿态来展现自我，而这种姿态在 17 世纪成为欧洲宫廷的标准姿势。

　　这种 17 世纪的新鞋在脚跟和鞋底之间设计了一个开口，因此被称为吊桥鞋（soulier à pont-levis）。根据阿格里帕·奥比涅（Agrippa d'Aubigné，1552—1630 年）的小册子《芬内斯特男爵》中的描述，这种鞋子还被称为"杰克鞋"（soulier à cric，英文"Jack"的谐音），这是一个法语拟声词，用来形容穿着这款鞋子行走

上页图　这是荷兰学派格里特斯·范·布雷克伦肯（Gerritsz van Brekelenkan）的作品《正在脱靴子的一位绅士》，创作于1655 年，现藏于罗马国际鞋履博物馆。

右图　这是来自 17 世纪法国的火枪手靴。

下页图　这是亚森特·里乔德于 1701 年创作的油画《路易十四》，现藏于巴黎卢浮宫。

51 页图　佚名画作《图卢兹伯爵扮演圣灵新手》，创作于1694 年左右，现藏于尚蒂伊的孔德博物馆。

时发出的声音。大约1640年，鞋子的长度超过了脚本身的长度，但方头的特点却保留了下来。早在17世纪，亨利四世派了一位名叫罗兹的制革匠到匈牙利学习他们的皮革制备方法。他的学成归来也预示着匈牙利皮革工匠的浴火重生，他们开始生产一种用于制作靴子的柔软皮革，这种皮革可以紧贴在小腿和大腿上。在制作靴子过程中，靴子由一根带子固定，它位于脚底下方，也用来固定马刺。自1608年起，人们可以在宫廷、沙龙和舞会上穿靴子，为了防止马刺对女士礼服造成损坏，鞋匠还会在马刺上覆盖一层布料。

从1620年开始，人们可以在骑马时将漏斗靴（bottes à entonnoir）或大锅靴（bottes à chaudron）、锅靴（caldron boots）拉到膝盖以上，或者为了适用其他场合将其拉下来以便包裹小腿。同时，为了更好地安放脚在马镫中的位置，完全是

左图 这是路易十四授予鞋匠大师尼古拉斯·莱斯蒂奇的纹章，这位鞋匠发明了无与伦比的无接缝靴子。

右图 来自 17 世纪意大利的女鞋，现藏于罗马国际鞋履博物馆。

出于实用考虑而将鞋跟设计到靴子的下方。此外，为了保护丝质袜子免受损坏，人们还会穿上饰有蕾丝的长筒袜，它由特殊织物制成。但如果人们将漏斗靴和长筒袜搭配在一起，一旦碰到恶劣的天气，漏斗靴就特别容易进水。路易十三统治时期的拉扎林（lazzarine）和拉德林（ladrine）都属于短款靴子，十分轻便，而且靴口宽大，深受人们喜爱。随着路易十四（1638—1715 年）统治时期的到来，虽然靴子逐渐从沙龙和宫廷中消失，但在狩猎和战争中依然可以看到它们的身影。直到 19 世纪初，士兵们在优雅的场合所穿的笨重靴子也逐渐变成了材质柔软的靴子。1663 年，一位名为尼古拉斯·莱斯蒂奇（Nicolas Lestage）的鞋匠在波尔多（Bordeaux）创立了以"靴狼"（Loup Botté）为名的商号，并向国王赠送了一双无缝靴子。这位鞋匠凭借自己的杰作赢得了名声与威望，还获得了一枚盾牌纹章，上面绘有金靴、金王冠及法国王室百合花的图案。他的商业技术秘密很晚才得以揭开，那就是采用一块完整的小牛蹄皮来制作鞋子。1678 年之后，路易十四一直住在凡尔赛宫，他按照礼仪要求在升旗仪式上穿着穆勒鞋。这双鞋是经过他的

上图　配有防护性木屐的女鞋，出自 17 世纪的路易十四时期。该鞋容易磨损，面
对泥泞的地面需要配上防护性木屐才能在户外行走。这款防护性木屐上有一个凹槽，
用来放置鞋跟。现藏于罗马国际鞋履博物馆。

下图　来自 17 世纪路易十四时期的锦绣女鞋，采用金线和银线缝制而成。现藏于
罗马国际鞋履博物馆。

上图　夏尔·勒布朗（Charles Le Brun）的画作《大臣塞吉埃》，尺寸为295cm×351cm，现藏于巴黎卢浮宫。

第一位贴身男仆精心打理的。在每年的年底，国王会将鞋赠送给即将离任的内侍或贴身男仆。路易十四统治时期，鞋履发展迅速：鞋子不再设计侧面开口，木质高跟鞋则成为专业匠人的领域，他们被称为"鞋跟制造商"。太阳王（即路易十四）的鞋跟由红色皮革制成，他的朝臣们迅速跟风效仿。红色鞋跟直至法国大革命时期都是贵族特权的象征，只有受到宫廷认可的贵族才有资格穿着此类鞋子。鞋跟的高度被人们视为社会虚荣心的象征。朝臣玛雷尼（Marigny）写给红衣主教蒙塔多（Montalto）的信中轻蔑地说道："我穿的尖头鞋，鞋跟下面带有衬垫，让我高得足以有望追求'殿下'的称号。"

法国作家让·德·拉·封丹（Jean de la Fontaine，1621—1695 年）深知女性穿着笨重的高跟鞋走路时所面临的困境。在他的寓言故事《牛奶女工与牛奶罐》中，女工佩雷特（Perrette）穿着平底鞋，这样才能大步流星地抵达城镇。大约在1652 年，尖头鞋变成了一种时尚潮流，后来又开始流行穿着方头鞋。女鞋是基于男款鞋子设计的，但始终会采用做工更加精细的材料，主要包括丝织锦缎、天鹅绒以及用银金线缝制的华丽锦缎。有时，女鞋上的皮革会采用精致的丝绣进行装饰。为了让这些漂亮精致的鞋履免受泥泞街道的污染，人们会穿上套鞋。

最初，鞋子是采用两根丝带环制成的较大物品进行装饰的，被称为"风叶"（ailes de moulin à vent）或"风车轮叶"（windmill sails）。这种装饰正好在莫里哀（Molière，1622—1673 年）的《丈夫学堂》中受到嘲讽，司佳那雷尔（Sganarelle）戏谑地说道："那些系有丝带的小鞋子让你的脚看起来就像一只羽毛丰满鸽子的脚丫。"

17 世纪 70 至 80 年代期间，镶有真、假珍珠和钻石的扣带代替了鞋上的蝴蝶结。在丧服期间，人们会佩戴普通的青铜扣带，这些扣带通常放在珠宝盒中，可以搭配不同款式的鞋子。儿童鞋其实就是成人鞋的缩小版。有钱人家的孩子穿的鞋子是用"白牛肚"（tripe blance）制成的，这是一种羊毛绒面料。而下层人家所穿的鞋子几乎没什么变化。大家还是穿着木底鞋或者大皮鞋，直至它们完全破损。勒南（Le Nain）兄弟在那个时期的绘画作品中便展现了这一场景。

上图　女款穆勒鞋，制作于 1720—1730 年间，现藏于魏森费尔斯博物馆。图片经伊尔姆加德·塞德勒授权。

18 世纪

18 世纪初，法国仍然在优雅领域中占据主导地位。

从摄政时期到法国大革命，鞋子的形状几乎没有什么变化，基本都是圆头鞋或尖头鞋，有时还会增加鞋头的高度，但从未出现过方头鞋。有一种鞋跟是以路易十五（1710—1774 年，被称作"宠儿路易"）的名字命名的。对于优雅的女士来说，她们一般喜欢这两种风格的鞋子：第一种是在室内穿的穆勒鞋，第二种是搭配较正式服装的高跟鞋。其中，穆勒鞋的后跟高度不一，其鞋面由白色皮革、

天鹅绒或丝绸制成，通常还会用刺绣进行装饰。画家在这一时期描绘了许多穆勒鞋和其他鞋子的款式，其中包括博多安（Beaudoin）、莫罗（Moreau）的版画及康坦·德·拉图尔（Quentin de Latour）、布歇、庚斯博罗（Gainsborough）、威廉·霍加斯（William Hogarth）等人的油画。弗拉戈纳尔（Fragonard）在画作《秋千》中绘画这样一个场景：一位古灵精怪的年轻女子在风中荡着秋千，裙子随风飘扬，她的粉色穆勒鞋被送到了追求者面前。此时他正躺在树枝中间。

路易十五时期的曲线风格可以从该时期的高跟鞋上看到，如今它们的鞋跟高度已经达到了巅峰。曲线型高跟鞋位于脚弓下方，充当鞋子的支柱，稳定鞋子以达到平衡。但人们穿着它们走路仍很费力——就像文艺复兴时期人们穿着威尼斯风格的高跟鞋走路一样。为了克服这一缺点，时尚女性从1786年开始使用手杖，正如沃布兰克（Vaublanc）伯爵在回忆录中所言："要不是她用手杖撑住身体，这个美人儿就会鼻子着地式摔倒。"

上图　1742年，这幅油画《梳妆》由画家弗朗索瓦·布歇创作，尺寸为52.5cm×65.5cm，现藏于马德里的提森－博内米萨收藏馆。

下图　1734—1735年，这幅《时髦婚姻》系列之《结婚之后》是画家威廉·霍加斯的油画作品，尺寸为70cm×91cm，现藏于伦敦国家美术馆。

上图 这幅《秋千》是画家弗拉戈纳尔创作的油画，尺寸为 81 cm×64.2 cm，现藏于伦敦的华莱士收藏馆。

上图　这是一双来自 18 世纪法国路易十五时期的女鞋，银质鞋
扣，上面点缀着来自莱茵河地区的宝石，现藏于罗马国际鞋履博
物馆。

下图　这是一双法国路易十五时期的"东方式"女鞋，鞋尖朝上，
制作于 18 世纪。现藏于罗马国际鞋履博物馆。

18世纪，精致高雅达到巅峰，人们开始迷恋镶有钻石的高跟鞋，这种款式的高跟鞋在当时被称为"快来看看"（venez-y voir）。由于裙子长到几乎及地，因此掩盖了女性妩媚的腿脚。勒蒂夫·德·拉·布雷东（Restif de la Bretonne，1734—1806年）对女性的脚部和鞋子给予了极大的赞美。下面这段话便是他对一双鞋子的描述：

　　这双鞋子由珍珠母制成，鞋面装饰着一朵用钻石做成的花；鞋边和鞋跟都镶有钻石，即便这样，鞋跟看起来仍然十分纤细。它价值两千埃居，还不包括花上的钻石，而这些钻石的价值是这个数额的三到四倍。

上图　这是制作于路易十五时期的女鞋，现藏于罗马国际鞋履博物馆。

下图　这是 18 世纪的男鞋扣和它最初存放的盒子。

上图　这是一双来自 18 世纪初法国
的刺绣穆勒鞋。

下图　这是一双 18 世纪的女鞋，现
藏于罗马国际鞋履博物馆。

　　这些招人喜欢的鞋子由白色刺绣皮革或珍贵的丝绸制成，用来搭配连衣裙，
并配有扣环，它可以根据每套装束进行更换。就像 17 世纪一样，抛光银扣环上装
饰着玻璃珠或宝石，它们都存放在珠宝盒里以便传给后代。女人外出时会继续使
用木底鞋来保护鞋子，现在这些木底鞋采用了两条皮带绑在脚部上方，鞋底上还
有个凹槽可以放鞋跟。到了 18 世纪，法国对东方产生了巨大的兴趣，这在历史、
经济和文化背景中得到证明。在鞋履方面，法国出于对异国情调的喜好而引发了
人们对尖头鞋的狂热追捧，其鞋头是向上翘起的，它被称为"土耳其式鞋""中
国木屐式鞋"或"东方式鞋"。

　　男人们穿着简单的平底鞋，上面饰有扣环。这些鞋子一般由深色或黑色皮革
制成，以突显男性穿着丝质长裤时所配的浅色长筒袜。其中一些鞋子由丝绸或天

鹅绒制成，与男士紧身衣相搭配后很受欢迎。1779 年左右，进口的英国靴子（以及许多其他英国时尚细节）重新流行起来。从 18 世纪 80 年代到 19 世纪，一款新式软皮靴一直都在流行，它带有翻边，可以搭配各种狩猎服和宫廷制服。

路易十六（1754—1973 年）统治时期，人们开始倾向于简约风格和直线造型的鞋子。比如，男士鞋子上的扣环变得更加显眼，女士高跟鞋的高度变得更低，而且女士高跟鞋采用白色皮革制成，鞋扣通常会用被称为"绉泡饰带"（bouillonné）的褶皱织物制成的饰品代替，这种饰品一般装饰在鞋面上，与连衣裙搭配。

文艺复兴时期，鞋匠就停止生产区分左脚和右脚的鞋子，这一做法在 18 世纪末恢复，但规模有限。到 19 世纪下半叶，随着鞋业的工业化，这逐渐成为标准的制鞋工艺。

法国大革命之前，鞋匠经营的店铺生意蒸蒸日上。作家塞巴斯蒂安·梅西尔（Sébastien Mercier）记载道："他们身着黑色衣服，戴着涂粉的假发，看起来就像法庭的文员。"然而，当法国大革命到来时，鞋匠们与新时代的精神产生了共鸣——其中有 77 名鞋匠加入了攻占巴士底狱的行动。

罗伯斯庇尔（Robespierr）在阿拉斯起草了有关鞋匠们正式诉求的文件。1793 年 9 月，一位来自公共安全委员会的工作人员在维耶尔宗（Vierzon）给众议员拉普拉斯（Laplance）写信说道，自己已经取代了由"老假发头"（old wigged heads）组成的法庭，还任了一名鞋匠加入其中。法国大革命期间，圣茹斯特（Saint Just）注意到莱茵河军队中有一万名士兵都是赤脚而行，于是他下令要没收斯特拉斯堡中一万名贵族的鞋子，并要求在次日上午十点前将这些鞋子发给士兵。人们为了避免被送上断头台，不得不把一切与贵族奢华相关的东西都销毁掉，从而给简约而又不失优雅的风格让路。甚至连人们的鞋子上都饰有革命徽章，因为这是新爱国主义宗教的象征。人们不敢穿着带有纽扣的精致鞋履，以免被贴上贵族的标签，但罗伯斯庇尔却冒着风险穿着这种鞋子。大多数人会选择穿木底鞋。

安托万·西蒙（Antoine Simon）是巴黎科德利埃街上一名默默无闻的鞋匠。起初，他是雅各宾派的成员，后来又加入了巴黎公社。1793 年 7 月 3 日，小王子（即后来的路易十七）与母亲玛丽·安托瓦内特（Marie Antoinett）王后分开后，国民公会选中西蒙照顾小王子。他是一个文盲，就想要让王子忘记自己卡佩家族后代的身份。于是，这位鞋匠在妻子的帮助下，成功地把这个孩子变成了一名完美的小无裤派，他教这位九岁的孩子一些谩骂上帝、家庭和贵族的词汇，还有一些革

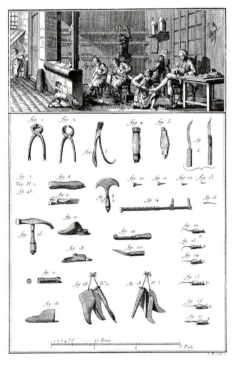
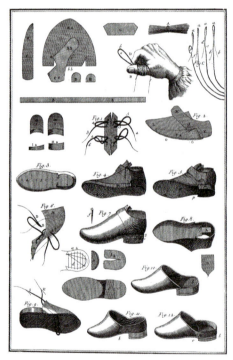

上图　这是 18 世纪法国路易十六时期经过精心雕琢、漆上色彩的木屐，现藏于罗马国际鞋履博物馆。

下图　这是来自狄德罗（Diderot）和达朗贝尔（Alembert）共同编著的《百科全书》中的插图。

下页图　这是一双来自 1789 年左右的法国女款穆勒鞋，现藏于罗马的国际鞋履博物馆。

命歌曲，比如《会好的，会好的》和《卡马尼奥拉》。

这位并未受过教育的粗鲁鞋匠与常常被描述的折磨者形象有所不同，他对小路易十七日渐喜爱，西蒙夫人也是如此。为了逗小路易十七开心，西蒙买来一只狗送给他，取名卡斯特，还买了一些鸽子，将它们放在共有十七个笼子的大鸟舍中，让他在家里养鸽子。有资料可以证实这一点，其中还记录了为这位年幼的王子购买鸽子饲料的情况。1794 年 1 月，根据公共安全委员会的命令，西蒙被免职，这不但违背了他本人的意愿，也违背了小王子的意愿。因此，小路易十七恳求西蒙带他离开并传授他制鞋的技术。但不幸的是，鞋匠西蒙在热月政变（1794 年 7 月 27 日罗伯斯庇尔被推翻）后就被送上了断头台。

1795—1799 年，督政府统治时期的鞋履开始演变成拿破仑一世早期青睐的新古典主义风格。轻巧的平底尖头鞋迅速代替了前政权时期的高跟鞋，这种鞋子男女皆适用。这一时期，最引人注目的优雅女性被称为"奇妙的女子"，她们穿着有丝带盘绕在腿上的鞋。

SHOEING A

The Present Fashion of Making L

Publish'd Apr. 20. 1807. by LAURIE & WHITTLE. 53, Fl.

466

19 世纪

19 世纪，女人们穿着羊毛短靴，但最流行的还是芭蕾舞鞋，它采用漂亮的亮皮、缎子或丝绸制成，并用丝带绑在踝部，以紧贴女人的脚，宛如手套一般。这种鞋子非常脆弱，几乎撑不过一场舞会的时间就会坏掉。

1809 年，约瑟芬皇后（1763—1814 年）的衣橱清单列出了 785 双由鞋匠拉莱门特（Lalement）制作的芭蕾舞鞋。宫廷和其他地方经常会有跳舞娱乐，尤其是在休战期间。

至于男士鞋，拿破仑重新引入了齐膝短裤和长筒丝袜，用以展示具有帝政风格的薄底浅口皮鞋，以及由漆皮制成、上面饰有环扣的平底浅口鞋。而军靴则是士兵们的标准鞋履，可长可短，还可以选择是否有翻边。

跨页图 克鲁克香克（Cruikshank）的作品《穿上鞋的蠢驴们》，现藏于罗马国际鞋履博物馆。

拿破仑是一名出色的军事家,他曾说道:"装备精良的士兵需要三样东西:一支好步枪、一件军大衣和一双好鞋。"不过,拿破仑时期的军用鞋常常沦为笑柄,就像一位军官在回忆录中所述的故事那样:

> 有一天,我与 P 将军……走进了一所无人居住的房子。当时正下着大雨,我们的衣服都湿透了,于是我们生火来取暖。
>
> "坐下来。"将军对我说。
>
> "干什么呀?"
>
> "我帮你脱靴子。"
>
> "您在开什么玩笑呀!"
>
> "没开玩笑,快把脚伸过来。"
>
> "将军,我不能这么做。"
>
> "你的脚泡过水,靴子都湿透了。不脱会感冒的。"
>
> "但我可以自己来。"
>
> "我就是想帮你脱。"
>
> 尽管我不愿意,但将军还是帮我脱了靴子,这让我感到惊讶不已。脱完靴子后,他笑着说:"轮到你了,礼尚往来,你过来帮我脱掉靴子。"
>
> "荣幸之至。"
>
> "我这么做就是为了让你也帮我脱掉靴子。"

上图　这是一双帝王靴(emperor's boots),现由私人珍藏。

下图　1804 年,拿破仑一世加冕时穿的平底宫廷鞋(flat court shoes)。该鞋在第二次世界大战期间丢失。

在法国复辟和路易 – 菲利普（Louis-Philippe，1773—1850 年）统治时期，男人穿的靴子和薄底浅口皮鞋都是由黑色皮革制成的，只有柔软的半筒靴是采用浅褐色、黄褐色或棕色皮革制成的。

乔治·布鲁梅尔（George Brummell，1778—1840 年）是来自英国的花花公子，他广为人知的名字是博·布鲁梅尔（Beau Brummell）。他穿着系带短靴和紧身裤，人们称他为"时尚之王"，他的衣着成为没有国界的优雅标准。另外，威尔士亲王（Prince of Wales）和英王乔治四世均为他的仰慕者。

女人也会穿由麻布制成的平底短靴，并在侧面系有绑带。直到 1830 年，她们一直喜欢穿系有丝带的薄底浅口皮鞋，这种鞋履是用丝绸和缎子制成的。

路易 – 菲利普统治时期，高跟鞋再次流行起来，直到 1829 年，这一惊人现象才被刊登在时尚期刊《女士的小邮件》上："我们要报道一种将高跟鞋的鞋跟放置在鞋底中央的设计，以提高脚背，让行走看起来更加优雅。如果我们采用这种方式设计高跟鞋，至少不会像我们祖母穿高跟鞋那样荒谬可笑。"

1850 年，另一本时尚刊物《巴黎时尚》报道称："一些女性会按照个人喜好来挑选高跟鞋。这表明了她们渴望追求时尚，但穿着这些鞋子跳舞并不舒适。短靴也开始流行小高跟款式，但这款鞋子只适合不用穿胶鞋（rubber overshoes）的女人。"法兰西第二帝国时期，女人们偏爱奢华服饰，也热衷于举行派对。

与路易 – 菲利普的资产阶级宫廷相比，拿破仑三世（1808—1873 年）的宫廷则显得更加金碧辉煌，其沙龙和林荫大道便成了生活社交的舞台，而雅克·奥芬巴赫（Jacques Offenbach）创作的轻歌剧，特别是《巴黎生活》，以一种幽默的方式反映那个时代的生活乐趣。人们对 1850 年左右兴起的衬裙所产生的热情，也带动了高级时装的复苏。欧仁妮皇后（1826—1920 年）让时装设计师查尔斯 – 弗莱德里克·沃斯（Charles–Frederic Worth）声名远扬，于是他在 1858 年开了一家时装店，为当时的女演员和妓女提供衣服，其中还包括王室家族的顾客。与此同时，中产阶级迅速崛起，他们追求经济利益。短靴在当时占据统治地位，它由皮革或布料制成，形状极为狭窄，鞋面还饰有刺绣和穗带，并用系带或者一排小纽扣将其扣上，从而发明了脚踝靴钩或纽扣钩。法兰西第二帝国时期是鞋类历史上的一个重要时期，以机械化和大规模工业化为特征。1809 年，英国出现了一种用于加固鞋底的机械装置，从而改变了传统的制鞋方式，这一变革是受工业革命的影响。1819 年，又出现了一种制造木制钉子的新型机器。然而，最大的变革来自蒂莫尼

上页图　这是路易斯·布瓦伊（Louis Boilly）于1805年创作的《男人肖像》，现藏于里尔艺术博物馆。

上图　这是太子拿破仑·欧仁·路易·让·约瑟夫·波拿巴穿过的靴子，他是法国拿破仑三世与欧仁妮皇后的独生子，现藏于罗马国际鞋履博物馆。

上图　这是一双 19 世纪的女鞋，采用铜色山羊皮制成，不仅采用查理九世风格，还采用侧扣式设计。鞋面上饰有金属珠子的珠绣，鞋底采用皮革材质，方形鞋跟。该鞋现藏于罗马国际鞋履博物馆。

下图　这是一双制作于约 1830 年的男鞋，采用黑色皮革和镂空黑丝制成，现藏于巴黎加列拉宫时尚博物馆。皮尔兰摄影，PMVP 供图。

耶（Thimonnier）发明的缝纫机，此发明在 1830 年获得专利。缝纫机这项完美的发明可以将软质材料的鞋面缝合起来，从 1860 年开始在制鞋业中普及。这项技术大大提高了鞋子的产量，因为缝纫机能够将鞋跟

放置好、缝好鞋面并将鞋
面与鞋底缝制起来。1870
年之后，每只脚都会配有
合适的鞋子模具，这样制
作出来的鞋子就能更贴
合脚的大小了。随着工
厂的建立和扩大，工业
制鞋开始超越手工制鞋，
尤其是创建于 1851 年、
位于布洛瓦的鲁塞特公
司。其中，弗朗索瓦·皮
内（François Pinet）的职
业生涯就是一个典型的
例子。

上图　结婚时穿的新娘鞋，采用珠
子装饰为心形，现藏于罗马国际鞋
履博物馆。

下图　新娘鞋的细节。

鞋子与贫困

    法兰西第二帝国的帝国庆典之后，人们开始追求华丽服饰和精致鞋履。这些曾是贵族和日渐富裕的中产阶级身穿的服饰，如今我们可以在博物馆和私人收藏中看到。它们不仅是那个时代的时尚证据，也是传统技艺代代相传的证明，还展现了各位名家和无名之辈的创作风格与工艺水平。另一方面，下层阶级对于穿着并不太讲究，鞋履会穿到破损为止；这种现象十分常见，因此他们穿的鞋履很难得以保存。幸亏绘画艺术的存在，我们才能通过图像了解这些鞋履的样子。作家皮埃尔－约瑟夫·蒲鲁东（Pierre-Joseph Proudhon，1809—1865 年）是居斯塔夫·库尔贝（Gustave Courbet，1819—1877 年）的朋友，他认为艺术应该为社会服务，满足社会需求。尽管拿破仑三世非常关心工人艰难境遇的改善，并且为之

上页图 阿道夫·门采尔的油画作品《轧钢工厂》，现藏于柏林国家美术馆。

上图 朱尔斯·布雷顿（Jules Breton）1859年创作的油画《拾穗者归来》，尺寸为90cm×176cm，现藏于巴黎奥赛博物馆。

努力，但社会冲突仍然存在，还动摇了传统价值体系。艺术家们通过绘画作品来反映机器和工业化带来的经济状况和社会转型。

1855年，德国画家阿道夫·门采尔（Adolph Menzel，1815—1905年）第一次访问巴黎。在世界博览会上，他发现了专门展示库尔贝现实主义的展馆。门采尔是一位宫廷画家，专门绘制各种仪式和庆典的场景，但他对工厂的劳动画面也饶有兴致，他也是真心喜欢去观察人们的一举一动。这一点尤为重要，因为艺术家首先必须认为工人是一个值得关注的主题，这样工人才能成为绘画的焦点。门采尔绘画作品《轧钢工厂》创作于1872—1875年，描绘了一群没穿袜子的工人正穿着磨损严重的鞋子辛勤劳作的画面。

　　尚弗勒里（Champfleury）不仅是一位作家，还是一位艺术评论家，他写过一本关于流行意象的书籍，还为期刊《人民之声》撰稿，这激发了画家居斯塔夫·库尔贝的创作灵感。库尔贝在其作品中描绘了工人阶级穿着朴素鞋子的画面，比如画作《石工》和《奥尔南斯的葬礼》。《石工》这幅画在第二次世界大战期间从

跨页图　这是居斯塔夫·库尔贝的油画《筛麦人》，创作于1854—1855年，现藏于南特艺术博物馆。

德国德累斯顿博物馆中丢失了：其右前景画的是一名工人穿着木底鞋，而左脚上的那只木底鞋的里面已经破裂；左前景画的是一位搬运石头的工人，穿着用粗糙皮革制成的系带鞋，以便更好地保护他的脚部。《奥尔南斯的葬礼》描绘的是贫穷而显眼的村民聚集在公共墓地为一名穷人举行葬礼的场景。显然，我们可以根据他们所穿的鞋子来区分社会阶层：墓穴挖掘者所穿的简朴系带鞋已经破旧不堪，而社会名流所穿的优雅黑鞋则崭新无比。

　　画家让-弗朗索瓦·米勒（Jean-Francois Millet，1814—1875年）身为农民的儿子，他的作品描绘了乡村生活的场景，并且每一幅画作都致敬了农民的辛勤劳作和地球上人类的伟大，画中的临时工穿着简朴的木底鞋，正如作品《晚钟》（1857—1859年）、《劈柴工》和《拾穗者》（1857年沙龙作品）中所描绘的那样。

　　画家朱尔斯·布雷顿对农民生活也颇有兴趣，于是画了一些与农民相关的生动场景。他在画作《拾穗者的呼唤》（1859年沙龙作品）中描绘了一群穿着木底鞋或赤脚的年轻女子。没穿鞋子的女性是家庭极度贫困的一种象征，这种情况在法国称之为"流浪汉"，字面意思是"赤脚行走的人"。正如让-保罗·鲁所解释的那样："在中世纪，鞋履成为人们出身是否高贵的主要标准之一。鞋履十分重要，以至于封建领主有时会同时携带农民鞋和皮鞋！这不过是一种生存方式而已。有鞋子的人一切都称心如意，没有鞋子的人则无足轻重。'流浪汉'现在已经成为一个固定词汇，但并没有真正的含义，而且我们很少会用到它。可是就在不久前，几百年甚至更久以前，根据19世纪小说家的证词，这个词组作为'乞丐'的同义词，承载了它的完整含义，意味着一个人贫穷到连一双鞋子都买不起。"

从鞋匠蜕变成公司老板

　　弗朗索瓦·皮内，1817 年 7 月 19 日出生于沙托拉瓦利埃县（县内有安德尔河和卢瓦尔河）。他的父亲是一个鞋匠，他从小就跟着父亲学习手艺。1830 年父亲去世时，皮内才十三岁，他就又到鞋匠大师家继续学习制鞋技艺。后来，他开启了环法旅行，并在 1836 年正式成为一名合格的职业学徒（鞋匠合伙人），被称作"图兰吉人－爱之玫瑰"。

　　十六岁的小弗朗索瓦手头只有十二法郎，他在图尔找到了一份工作，每周薪资为五法郎。他靠这份微薄的薪水攒钱买工具，希望自己可以独立谋生。他在波尔多工作了三年，然

上页图　这是让·贝劳德（Jean Beraud）描绘法国巴黎协和广场的画作，现藏于巴黎卡尔纳瓦莱博物馆。拉代特摄影，PMVP 供图。

上图　这是鲁塞尔在法国第二帝国时期制作的小巧女靴，由光滑的山羊皮制成，上部采用开孔设计，精美的缝线呈现出皮革花边的效果，侧面系带，皮质鞋底，圆轴材料，现藏于罗马国际鞋履博物馆。

左下图　这是一双由法国皮内于 1875 年左右制作的短筒女靴，手工刺绣，采用绸缎制成，该鞋现藏于罗马国际鞋履博物馆。

右下图　这是来自法国的小巧女鞋，采用黑色小羊皮制成，鞋面呈扇形，上方采用褐色丝带打成蝴蝶结，鞋底为皮革材质，鞋跟为路易十五时期风格。该鞋制作于 1880 年左右，现藏于罗马国际鞋履博物馆。

后搬到马赛，成为鞋匠合伙人协会的负责人。1844 年，他前往巴黎，继续接受大规模制造的培训。皮内是个聪明的观察者，明白制造业分工的重要性，而且知道如何将各个组成部分结合起来才能提高产品质量。

1845 年，他成为一名巡游销售代表，开始学习如何经商。1854 年，他研发出一种新的鞋跟制造方法，并申请了专利，这种方法生产的鞋跟比那些多层叠加而

跨页图 这是皮内的鞋厂于1897年左右制作的女鞋。采用牛津白缎制成，鞋面饰有银色绣花图案，流苏花边，皮革鞋底，现藏于罗马国际鞋履博物馆。

成的鞋跟更轻便、更坚固。1855年，他在圣索文特小狮子街23号开了一家鞋厂，专门生产女鞋。随着公司的发展壮大，后来搬到了同街上更为宽敞的地方（40号）。皮内于1858年结婚，妻子给这段婚姻带来了温暖、魅力、优雅和活力。她很快把自己的聪明才智和受到的良好教育投入工厂经营当中，成为一名富有见识的合作伙伴。

弗朗索瓦·皮内直到1863年才在巴黎普瓦索尼天街44号建立了新的车间和办公室，这是按照他的计划进行建造的。新模式的建立不仅适应了时代的需求，而且也得到工人们的敬重。皮内在车间一共雇了120名员工，还有700名在家工作的员工，男女皆有。他制作的鞋子吸引了大量来自法国和其他国家的有钱人。优雅的女士在马德莱娜大道上皮内的鞋店里，争先恐后地购买短靴、薄底浅口鞋以及采用柔软皮革制成的德比鞋（Derbies）。皮内制作的鞋子采用填充面料，色彩艳丽，都是手工刺绣和手工绘制而成的。作为一名经营者，他还在1864年成立了首个联合制鞋商雇主协会，并担任负责人。

皮内凭借自己的作品荣获了众多奖项，其中包括 1867 年在巴黎世界博览会上获得的一枚精美勋章。从那时起，他将这枚勋章镌刻在鞋底以展现自己的才华。同年，他还发明了一种机器，可以将路易十五风格的鞋跟完整地制作出来，并且获得专利。这一技术的进步标志着该时期的生产方式从手工制作向工业生产的转变。普法战争（1870—1871 年）让法国尤其是巴黎的经济受到严重冲击。此时，皮内为伤员提供资金援助，并自费建立了一家拥有 20 张床位的流动医院。

1892 年，弗朗索瓦·皮内在圣克利斯平传统晚宴上成为联合公司熟练工人协会的新成员。他是一名来自农村的鞋匠，为人谦逊，给世界上优雅的女性打造了最漂亮的鞋履。1897 年，皮内去世。在他的一生中，为扩大高级时装的国际影响力做出了重要贡献。同时，他还促进了 19 世纪其他方面的发展。

1852 年，百货公司出现，各式各样的鞋子一应俱全。路易－菲利普统治时期未能复兴成功的高跟鞋，在 1852 年再次成为标准，鞋跟采用了半线圈或半卷曲形状。从那时起，足弓由鞋托支撑，鞋跟可以放置在鞋底的后方边缘。短靴隐藏在衬裙之下透露出一丝神秘的气息。根据朱尔斯·巴罗什（Jules Baroche）夫人的笔记和回忆录记载，英国带来一种穿着更为开放的时尚潮流："今年，宫廷贵妇身着英式风格的服饰：她们穿着采用多彩羊毛制成的露踝半身裙，还会搭配路易十三式帽子和带有高跟的漆皮短靴，她们眼神俏皮，鼻子上翘。但这套服饰需要腿部修长、脚部纤细的人穿起来才够好看。不过，它的设计总体上是时髦大胆、休闲舒适的，比其他任何服饰都更适合在树林中散步。"

但拿破仑王子对这种穿着趋势表示不满："女人早上穿着不得体的裙子，晚上又穿着不得体的衬衫，都成何体统了？"皇后会穿着流苏靴去隆尚赛马场。

这一时期，人们写了许多关于女人脚部的文章。19 世纪的文学作品中也有很多描述公寓鞋（拖鞋）和低筒靴（短靴）的情节。巴尔扎克（1799—1850 年）、爱弥尔·左拉（1840—1902 年）和莫泊桑（1850—1893 年）等作家曾对这一时尚配饰津津乐道。

福楼拜（1821—1880 年）在《包法利夫人》中描写了一百多双鞋靴。马克·康斯坦丁（Marc Constantin）在《礼仪年鉴》中写道："短靴已经大获全胜啦！尤其是那种材质柔软的系带短靴，它紧贴双脚，显得脚更加小巧可爱呢！还让小腿看起来更加苗条，走起路来也更加优雅。"

女人在晚宴或舞会上会穿着精致的薄底浅口皮鞋，一般用织锦或丝绸制成，

上图 这是法国制作的牛津风格男鞋，采用浅棕色小山羊皮制成，鞋头偏长且上翘，并进行穿孔设计。制作于 1890 年左右，现藏于罗马国际鞋履博物馆。

下图 这是巴黎 1855 年制作的一双女士浅口鞋，采用小牛皮面料进行刺绣而成，现藏于罗马国际鞋履博物馆。

用来搭配她们的礼服。就像福楼拜在《包法利夫人》中所描写的那样："她心怀虔诚将漂亮衣服放进衣柜，连同那双鞋底因为地板滑腻而变得蜡黄的缎子鞋。"这些款式的鞋子都是根据路易十五和路易十六时期的露趾高跟鞋进行设计的。

丝绸或天鹅绒制成的穆勒鞋（公寓里穿的拖鞋）是另一种常见的标准鞋款。男人穿着黑靴或短靴，儿童则穿着成人款的缩小版短靴。

从 1870 年到 1900 年，鞋子与短靴在城市展开激烈竞争。其中，低帮浅口鞋仍然适合晚宴。鞋子的形状也正在悄悄发生变化，圆头鞋逐渐演变成尖头鞋。后来，保罗·波烈引起的服装革命让所有人看到了现代鞋的影子。

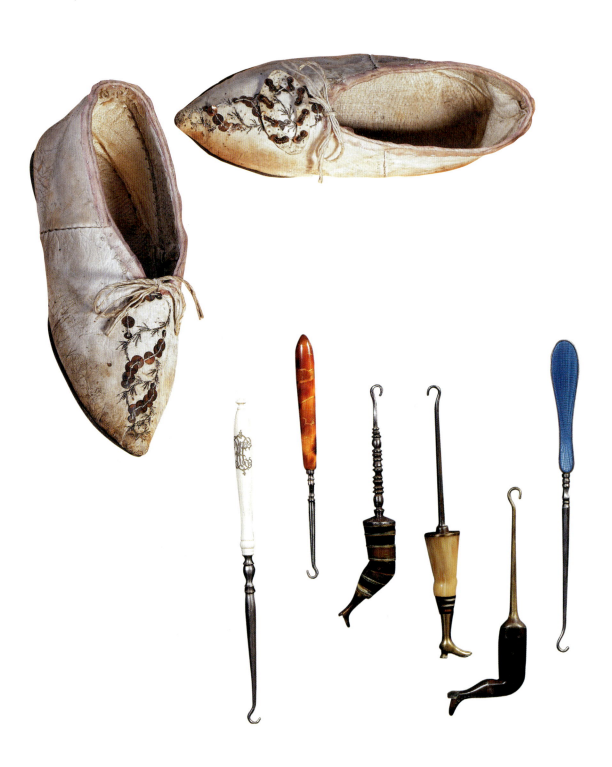

上页图 这是一双 1800 年左右的儿童鞋，现藏于魏森费尔斯博物馆。图片经伊尔姆加德·塞德勒授权。

跨页图 这是一套用于靴子和短靴的钮钩，索尔特兰收藏，现藏于罗马国际鞋履博物馆。

右图 这是一幅 1840 年左右的石版画，绘画了一家鞋店的陈列场景，现藏于巴黎卡纳瓦雷博物馆。

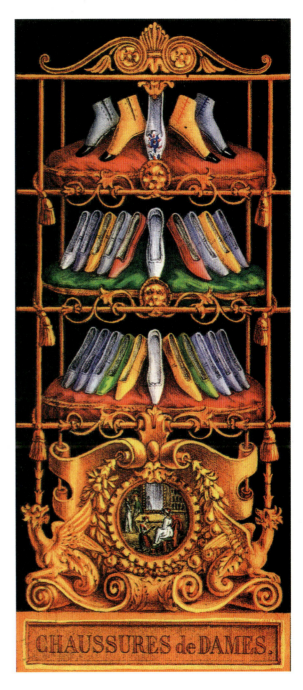

CHAUSSURES de DAMES.

这是一双来自 1987 年法国巴黎的"震撼之鞋",由罗杰·维维亚
(Roger Vivier)制作,现藏于罗马国际鞋履博物馆。

20 世纪

在 20 世纪，鞋子的历史与演变只能从个人与品牌公司的关系中理解，这些公司为我们认识手工制鞋和工业制鞋铺平了道路。一些定制鞋靴制造商才是真正的"家族传承"，因为他们在 21 世纪仍然在发展壮大。在此，我列举了许多才华横溢的设计师和知名公司的名字，但还有许多未能——列举出来，因为本书内容有限，无法做到面面俱到。与此相关的所有人都应该得到认可，不只是因为他们对法国时尚乃至世界时尚的发展做出了巨大贡献，而且他们还将传统的制鞋工艺传承给下一代。

要了解 20 世纪的鞋履，就不能只看鞋子本身，还得考虑它与历史、经济和艺术之间的关系。这些潜在的因素可能会导致服装发生革命性变化，从而使现代服饰具有多功能性。对那些将鞋子视为时尚配饰的设计师来说，这些因素都是他们创作的灵感源泉。

20 世纪的鞋类演变与发展受到了众多历史因素的影响。首先，国际关系的兴起提高了鞋履的国际影响力，举办大型世界博览会促进了艺术交流，法国时装也参与其中。其次，高级定制时装秀和时尚杂志的宣传在鞋履变革中起到了重要作用，除此之外，它还通过摄影和影视进行传播。另外，体育的发展和汽车的引入也不容忽视。随着服装业的蓬勃发展，来自法国和其他国家的有钱人仍然只穿定制服装和定制鞋履，这种现象使得以高级定制为灵感大规模生产时尚产品成为现实，因此鞋子的价格更加亲民，从而推动了鞋业的发展。在此过程中，像安德烈（André）和巴塔（Bata）这样的品牌成为鞋类市场的骄傲。此外，两次世界大战所造成的影响也是相当深远的。最终，随着时尚设计师的出现和鞋类技术的不断创新，鞋子进入了 21 世纪。

1900 年左右发生了一系列重大事件：高档女装的出现彻

底改变了时尚界；英国人对运动和呼吸新鲜空气的热衷在法国也流行开来；一款搭配橡胶鞋底布制短靴的泳衣运送到了埃特尔塔和特鲁维尔。骑自行车冒险的女性穿着宽松的裤子，这款裤子的创作灵感来自灯笼裤（它在英吉利海峡的另一侧也非常流行），她们因露脚的鞋子引起了轰动，这在让·贝劳德于 1900 年左右创作的画作《布洛涅森林的自行车屋》（现藏于巴黎的卡纳瓦雷博物馆）中可见一斑。从 1900 年到 1914 年，乘着《美好年代》和《沃斯家族》的浪潮，高级女装设计师如雨后春笋般涌现，其中包括帕奎因（Paquin）、卡洛特（Callot）姐妹、杜塞（Doucet）和浪凡（Lanvin）等。社交名媛和贵妇将大量的钱财花在服饰上，富豪也穿着华丽的装束昂首阔步，试图展示他们刚刚获得的财富。1910 年，冬季仍然流行穿金色、米色或黑色的纽扣式短靴或系带短靴，夏季则流行穿大盖鞋。深帮鞋是晚礼服的典雅之选，其鞋跟采用路易十五风格，可以搭配裙装和长筒袜。对男士来说，优雅就意味着要穿纽扣式短靴，低帮系带鞋则更适合运动和搭配休闲装。这些鞋子大部分都是巴黎各个地方的匠人以匿名的方式制作的。在知名定制鞋匠的兴起变得司空见惯之前，他们制鞋的速度很快，手法也尤为娴熟，还能按照需求制作鞋履。保罗·波烈引发了一场服装革命，不但淘汰了紧身胸衣，还让裙子的长度变得更短了。直筒裙的设计灵感源于东方，线条柔和流畅，这使之前几乎不为人知的鞋子成为人们关注的焦点。这种新式风格的裙子让人联想到督政府时期和帝政时期的轻便衣服，那时鞋子是裸露在外的，脚的大部分都露了出来。

保罗·波烈创作的直筒裙也带动了一款更加精致的鞋履出现。第一次世界大战扰乱了整个社会的生活，比如女人发现自己不得不替男人背负各种各样的工作。如此一来，她们体验到自己需要更加实用的时尚穿搭，以便脚部活动不受限制，此时鞋子也自然而然地变得更加优雅起来。可怕的战争年代过去后，便迎来了"兴旺的 20 年代"。这一时期，女人们剪短发、穿短裙的"运动"取得了完全胜利。为了衬托各种颜色的新款鞋子，浅色丝袜代替了搭配长靴的黑丝袜。于是，查理九世风格开始了漫长的统治。人们下午一般穿配有路易十五式高跟的低帮鞋，晚上穿的鞋子，要么布料与礼服相配，要么采用金色或银色织物制成。

男式系带鞋通常配有黑色或灰色羊毛制成的吊袜带，给人一种短靴的错觉。20 世纪 30 年代，伊尔莎·斯奇培尔莉（Elsa Schiaparelli）和可可·香奈儿（Coco Chanel）为时尚奠定了基础。在玛德琳·维奥内特（Madeleine Vionnet）的影响下，晚礼服变得越来越短，斜裁的剪裁方式更加突显身材的线条。为了顺应这一潮流，

上图　约 1910 年，科恩韦斯特海姆有一家名叫"西格与伙伴公司"的缝纫工厂（后来改名为"沙罗曼蛇"）。

下图　约 1910 年，科恩韦斯特海姆的"西格与伙伴公司"员工合影。

上图　这是女士浅口鞋，采用鲜艳的绿色丝绸面料，以查理九世风格设计，有金色小羊皮装饰，并配有路易十五时代风格的鞋跟。该鞋由巴黎的鞋匠 A. 吉莱特（A. Gillet）于约 1928—1930 年间制作，现藏于罗马国际鞋履博物馆。

下图　1935 年夏季，A. 吉莱特设计了一款女士凉鞋，颜色是奶油色和红色。砖形鞋底采用红色小羊皮革制成，现藏于罗马国际鞋履博物馆。

鞋子做得越来越窄，鞋跟越来越高，并且鞋子的扣眼做得也越来越隐蔽。其中，平底鞋和绉底鞋适合搭配运动装。与此同时，第二次世界大战来临之际，坡跟鞋底也出现了。由于战时政府限制所有人使用皮革，所以坡形鞋底便成了人们穿鞋的标准款式。不幸的是，由木头（涂上鲜艳颜色或采用织物包裹）和软木制成的坡跟鞋穿起来并不舒适，还很难看，但是创新的铰接式木跟就会让行走方便许多。设计师也会采用其他可替换的材料来制作鞋面，比如酒椰叶纤维和毛毡。

1947 年后，克里斯汀·迪奥推出了"新风貌"（New Look）风格的新款裙子。新款裙子极具巴黎风格，特点是束腰，长度达至小腿以下，再搭配一双细高跟鞋，整体就非常协调了。从此以后，设计师则认为如果没有高跟鞋，优雅的服装便是无稽之谈。于是，细高跟鞋代替了战争时期的笨重鞋履。虽然金属芯能够保证鞋跟的稳定性，但细高跟鞋在公共场所的地板上会留下一些小孔，直到发明了防护尖端，这种情况才得以好转。尽管有时鞋跟在鞋底下方会逐渐变得弯曲，但一直到了 20 世纪 60 年代，迷你裙的流行才让它彻底淘汰，从此圆头鞋（接着是尖头鞋）取代了细高跟鞋。商店货架主要有两款鞋子：一款是黎塞留鞋（前部鞋面缝在后部鞋面上），另一款则是德比鞋（后部鞋面缝在前部鞋面上），而没有鞋带的软帮鞋吸引了年轻顾客的注意。

法国鞋业联合会时尚办公室主任西尔维·勒弗兰克（Sylvie Lefranc）表示，20 世纪 60 年代初，消费者无法接触各式各样的鞋履产品。除了那些享有盛誉的定制鞋匠外，这些产品都笼罩在人们不满的情绪下，因为这些定制鞋履只供少数特权阶层购买。罗杰·维维亚在鞋履创新上极具天赋，为现代消费主义铺平了道路。维维亚与查尔斯·卓丹（Charles Jourdan）公司建立合作伙伴关系后，便推出了一系列现成的精品鞋，虽然价格昂贵，但仍有大量消费者能够负担。维维亚在这个系列中所塑造的鞋履造型以及运用的精致材料证实了他的才华。优雅逐渐大众化标志着时尚鞋履的诞生：新款鞋履从此成为审美研究的对象，其形状和大小采用艺术化处理，以展示设计师的创作特色。

有些设计师将鞋履设计得格外别致，例如罗兰·卓丹（Roland Jourdan），他跟随罗杰·维维亚的脚步专注于设计高跟鞋；罗伯特·克莱热里（Robert Clergerie）将自身的威望在创作的新款男鞋和女鞋上体现得淋漓尽致；斯蒂芬·凯利安（Stéphane Kélian）发明了女士编织靴和骑士靴；沃尔特·斯泰格（Walter Steiger）以一名设计师的认真态度来缝制线条。新一代的时尚设计师对 20 世纪 70

年代产生了深远影响，并在女性消费者中掀起了一股流行鞋履这种时尚单品的真正热潮。

随着人们对普通鞋子表示不满的呼声越来越高，都市的时尚精致风格应运而生，与此同时，一股由生活方式引发的新潮流也随之出现——以运动服和牛仔裤为代表的休闲穿搭风格。该潮流起源于美国，席卷欧洲。"踢球者"品牌创始人丹尼尔·劳法斯特（Daniel Raufast）意识到这种趋势的重要性（尤其是 20 世纪 70 年代初在青少年和儿童市场上表现得尤为明显），并据此开发了一系列休闲有趣的产品。同一时期，来自雅氏的海莱恩先生（Pierre Robert Helaine）推出了一款小巧玲珑、材质超软的彩色靴子，并在全球售卖。冒险家的世界和对先驱与士兵们的怀旧之情深深吸引了一大批新时代的年轻男子，所以他们开始选择那些具有历史背景的鞋履，如其乐（Clark）的沙漠靴、高筒皮靴和帕拉丁（Palladium）的"帕拉布鲁斯"款鞋，作为休闲和周末穿着的首选。20 世纪 70 年代，鞋子在技术上取得重大突破，成功地将橡胶鞋底与织物鞋面相结合。该技术一旦运用起来就再也回不去了。

自 20 世纪 80 年代开始，运动装不再是新风格的唯一灵感来源，因为活跃的体育运动本身决定了规则。吉尔博德（Girbaud）夫妇是该领域的先驱之一，他们从各种体育场合借鉴了一些特定物品，让它们在创造设计中得以引用。随后，各大品牌开始纷纷效仿以争夺青少年市场，例如阿迪达斯、锐步、匡威、彪马和休伯家成为独立的时尚角色。该行业发展迅猛，但值得注意的是，耐克在推出现代主义设计风格的新品上发挥了重要作用。

其他的时尚潮流是从公开的生态角度出发的——这在绿党广为人知之前就已经存在了。这些趋势贯穿数十年，始终忠实于自然、人体工程学和真实性的崇尚。像巴马（Bama）、勃肯（Birkenstock）甚至爽健（Scholl）都是当代看步（Camper）品牌的先驱。时尚将朝向更为亲密的基本价值观进行全方位转变，这种价值观是将个人置于外貌之上，这在鞋类中体现得尤为明显，因为鞋类能准确地反映当代的生活方式。

如今，运动服装也步入了高雅领域。哪家高级时装品牌会没有运动鞋和高帮运动鞋呢？男士甚至已为托德斯（Tods）和霍根（Hogan）品牌的休闲时尚所折服，他们已经感受到柏哈步（Paraboots）的耐穿与舒适了。

然而，灰姑娘的玻璃鞋依然令人向往，优雅和魅力比以往任何时候都更为重

上图 这是一款银色小羊皮女士浅口鞋，粉色的圆点和绿色的小长方形以几何空间的方式大面积排列，从而凸显银色背景。鞋跟采用路易十五式的包裹式设计，鞋底采用皮革材质。制作于 1925 年左右的巴黎，现藏于罗马国际鞋履博物馆。

下图 这是来自奥地利维也纳的穆勒鞋，由黑色小羊皮和天蓝色缎子制成，鞋跟高度为 20 厘米，制作于 1900 年左右，纪廉收藏，现藏于罗马国际鞋履博物馆。

上图 这是一款来自法国的男士半长靴，鞋上带有纽扣，制作于1895—1910年间，现藏于罗马国际鞋履博物馆。

下图 这是一款男士半长靴，制作于1912年左右，现藏于罗马国际鞋履博物馆。

要。如今，精致女鞋迎来了新的捍卫者。也就是说，新一代设计师继承了伟大艺术家的火炬，他们利用材料和装饰重新设计出一批造型独特的高跟鞋，其中最为知名的设计师包括鲁道夫·梅努迪尔（Rodolphe Ménudier）、米歇尔·佩里（Michel Perry）、莫罗·伯拉尼克（Manolo Blahnik）、皮埃尔·哈迪（Pierre Hardy）和贝努瓦·梅莱尔德（Benoît Méléard）。

　　无论是从设计还是制造的角度来看，鞋履的发展速度都是极为迅猛的，这一点可以从最为出名的定制鞋匠的职业生涯中看到：安德里亚·菲斯特（Andrea Pfister）、贝鲁蒂（Berlutti）、萨尔瓦托勒·菲拉格慕（Salvatore Ferragamo）、玛萨罗（Massaro）和皮埃尔·扬托尔尼（Pierre Yantorny）。虽然他们发展的轨迹不同，但都对追求卓越做出了巨大贡献。接下来将会介绍他们的个人传记，那就让我们一起来看看鞋艺的幕后故事吧。

下图 一款约 1923 年制作的男鞋，由黑色绒面皮和黑色薄木片制成。另一款约 1938 年制作的男鞋由白色穿孔小牛皮和黑色小牛皮制成。这两款鞋都出自罗马的尤尼克公司，现藏于罗马国际鞋履博物馆。

上图 这是一双深蓝色天鹅绒晚礼鞋，鞋面饰有钢珠，鞋跟由纤维素制成并镶嵌着水晶。这款鞋履是鞋匠赫尔斯特恩（Hellstern）于1925年左右设计的，现藏于罗马国际鞋履博物馆。

昨日今朝的鞋匠

　　说到20世纪鞋类的历史与演变，我们必须谈谈与此相关的杰出人物或历史悠久的公司。他们扮演的角色对我们理解传统的工业设计有很大的帮助。

　　真正意义上的"王朝"、鞋匠和鞋业制造商在21世纪仍然蓬勃发展。虽然我们提到了一些才华横溢的设计师和享有盛名的公司，但还有很多设计师和公司被我们忽视了。这项研究肯定不是详尽无遗的。相反，所有人都应该受到关注，因为他们不仅为法国和世界时尚界的声望做出了重大贡献，还把大师们的知识传授给了后人。

赫尔斯特恩

赫尔斯特恩公司成立于 1870 年左右，起初专门从事男鞋业务，总部位于巴黎朱伊莱街 29 号，并在 1900 年左右迁至旺多姆广场。赫尔斯特恩的三位儿子（莫里斯、查尔斯、亨利）一起经营着这家公司。该公司在其鼎盛时期（1920—1925 年）雇佣人数超过了 100 名工人，这在当时算是相当可观的数量。在国内，就业工人确保了高端市场的产出：在卢瓦尔河，骑兵学校培养了一支精通制鞋的劳动力队伍；在米底河，则培养了才华横溢的意大利工人。

这家公司在当时颇具影响力：它在布鲁塞尔的分店一直延续到了 1949 年，伦敦的分店于 1965 年倒闭，在戛纳的一家成衣专营商店经营至 1970 年。但赫尔斯特恩的名气主要还是在巴黎。该公司参加高级定制时装展览，吸引了许多来自法国和其他国家追求奢侈品的顾客。它为当时的名流定制鞋履，其中包括欧洲宫廷的王子和公主、舞台和银幕明星、社会名媛和贵妇。

有些顾客已经成了这家鞋履品牌的忠实粉丝，每周都会订购三双鞋，一年高达 550 双以上，可以按月、季度或年进行支付。赫尔斯特恩鞋子的价格相当昂贵，1919 年平均每双约为 525 法郎，1924 年为 250 法郎，1929 年则高达 1000 法郎！

赫尔斯特恩三兄弟分工合作。其中亨利负责公关，二战后成为法国鞋匠全国联盟的主席。查尔斯是设计师，参与女鞋时尚的创作，这一时期（1920—1930 年）的女鞋主要分为三种风格：第一种是查理九世风格，平底鞋或高跟鞋，鞋带从鞋内侧穿到鞋外侧，并用纽扣或扣环固定；第二种是萨洛米（Salomé）风格，是查理九世的副产品，采用一根 T 形带子将其固定在脚踝上；第三种是宫廷鞋风格，是平底鞋或薄底高跟鞋，它会露出脚背，没有任何固定方式。

罗马国际鞋履博物馆藏有曾属于同一个女人的 250 多双鞋，这些鞋子都由赫尔斯特恩公司生产。这一特别收藏是罗马博物馆之友协会收购而来的，它展现了那个时代一位时髦的中产阶级女性的生活点滴。这发生在两次世界大战之间，人类经历了可怕的考验之后，爆发出狂野的快乐欲望。

当然，这三种风格的时尚鞋履都可以在赫尔斯特恩系列中找到，既有适合日常穿的鞋款，也有适合晚宴穿的鞋款。

对查理九世和萨洛米风格来说，鞋子的款式上都采取了相同的风格，颜色多样，包括紫色、绿色、紫红色、黄色、红色、蓝色、白色等十三种；其制作材料采用绒面革、小山羊皮革、蜥蜴皮、蛇皮和鳄鱼皮等；鞋子的形状一般都是修长的，而且鞋头偏圆。皮革贴花通常采用与鞋面颜色形成对比的颜色，形成优质的几何线条设计，突出高超的绣线技艺，因为它是采用极细的针头进行缝合的，针迹不足一毫米，但这项技术在今天已经不再使用。而大多数高跟鞋都是路易十五风格，高度约五至八厘米，通常采用木头制作，外面包裹着皮革或镶嵌着各种颜色的假钻石或玻璃。无论是哪种鞋子，他们都会为每双鞋设计个性化的环扣，但它们只是用来装饰的。人们将环扣视为装饰品，甚至是珠宝：有些环扣是纯银的，还有黑玉的，更简单一点的则是由珍珠、喷漆金属、假钻石或者白铁矿制成的。其他一些更为古老的扣环可以追溯到 19 世纪，可以看到当年鞋匠的制作创意。

晚会鞋由丝绒、金银锦缎、刺绣丝绸、金色或银色小羊皮，还有将小羊皮剪裁成名副其实的皮革蕾丝制成，再配上闪闪发光的饰品，让人不由得联想起狐步舞和查尔斯顿舞。

宫廷鞋由小羊皮制成，上面还饰有粗纹丝绒，以其优雅简约而著称，相比之下，萨洛米设计的鞋履，尤其是查理九世风格的鞋履则装饰得更为华丽。

在第二次世界大战期间，赫尔斯特恩只采用了皮革制鞋，不过它们看起来就像那时流行的厚底鞋。该系列的亮点之一是有 99 双城市靴。这些靴子由小羊皮制成，长度可达膝盖处，配有路易十五式高跟，并且采用一枚精修的纽扣闭合在鞋子外侧以贴合腿部。其中还几种为鞋带款。

这款鞋子外形独特，与其丰富多样的颜色形成了鲜明对比；我们还可以看到千变万化的纽扣，它既可以安置在鞋子的背面，还可以在鞋子的两侧安置双排纽扣。这些纽扣大多数为 24 枚，由珍珠母、黑玉或假钻石制成。

最后，这个系列中最酷炫的一组鞋子有二十多种，不适合走路，与恋足癖相关：凉鞋、鞋子和靴子以最奢华的设计呈现，它们属于"闺房"风格。这些鞋子总是配有极高的鞋跟，可达 26 厘米，因此前脚掌配有一张薄垫。在某些设计中，鞋子与鞋跟是合为一体的，拱形鞋底格外突出。皮革颜色只有黑色、红色、金色或银色可选，而且都是小羊皮材质。鞋跟有时会饰有假钻石，鞋面会进行穿孔设计。

这些引人注目的作品中，有一双粉色手工皮革制成的高筒靴，鞋子由镀金青铜制成并以螺旋纹装饰；还有一双黑色镀金高筒靴，其双层鞋跟能够完美贴合脚部，鞋尖点缀有假钻石。

我们可以将整个系列概括为"野性"与"智慧"。

左图　这是一款搭配黑色小山羊皮长袜的双跟凉鞋，采用 30 颗白色纽扣
进行固定，鞋侧镶着金边。鞋尖饰有假钻石。后跟高度为 24 厘米。这是
鞋匠赫尔斯特恩在巴黎于 1950 年左右设计的，现藏于罗马国际鞋履博
物馆。

右图　这是一双由粉色小山羊皮制成的高筒靴，鞋跟饰有镀金青铜的翅膀
图案。鞋子前部采用 17 颗纽扣进行固定。此款是鞋匠赫尔斯特恩在巴黎
于 1950 年左右设计的。

上图　这是皮埃尔·扬托尔尼制作的杰作：羽毛鞋，现藏于罗马国际鞋履博物馆。

皮埃尔·扬托尔尼：世界上最贵的鞋子

皮埃尔·扬托尔尼自称是"世界上最昂贵的鞋匠"，幸亏他的侄子将其个人日记、照片、文件和鞋子一同捐赠给了罗马国际鞋履博物馆，他神秘的面纱才得以揭开。这些记录将帮助我们重新审视他的生平，并澄清他来自印度尼西亚以及在巴黎克鲁尼博物馆担任过管理员的谣言。

皮埃尔·扬托尔尼是意大利人，1874 年 5 月 28 日出生在卡拉布里亚的马尔凯萨托地区马拉索。他从八岁到八岁半只上了半年学，然后就去了一家通心粉厂工作，从早上六点工作到晚上六点，一天挣二十美分。后来，他去帮别人照料和训练马匹。他爸爸定居芝加哥后，这个十二岁的小家伙便去了那不勒斯，跟着另一名鞋匠学徒学习手艺，他唯一的报酬便是学到的知识。

半年之后，他终于找到了一份正式工作，积攒了一些存款，便前往热那亚。短暂待了一段时间后，他又前往尼斯，在那里他将手艺练习得更为娴熟，但他对巴黎早已心生向往。为了攒足去巴黎的旅费和 42 法郎火车票钱，另一名鞋匠建议扬托尔尼去马赛屠宰场杀羊赚钱。

正如扬托尔尼在日记中所言：

> 1891 年 6 月 13 日，我凌晨四点抵达巴黎，因为火车开得不快，我坐了三天才到。在那之前，我就拿到了法国圣奥诺雷街上一家鞋匠作坊的地址，或许我可以去那儿找到工作。去他妈的！这个作坊居然在五年前就已经倒闭了。

幸亏横马路街上有一位好心的意大利餐馆老板，经他介绍扬托尔尼找到了一位巴黎时装公司的商人，这位商人同意雇用他，工作时间从早上四点开始，一直持续到晚上十点。勤奋和天赋让他很快就像一名专业人士一样运用刀具和打孔工具。但遗憾的是，他的恩人没有留下个地址就消失得无影无踪了。于是，扬托尔尼在一家餐厅找了一份洗碗的工作，干了三个月，这样他就有钱自己购买工具了。

1892 年 1 月 17 日，由于找不到工作，扬托尔尼先回到热那亚，然后又回到了尼斯，口袋里只剩二十美分了。他在尼斯花了整整一个冬天的时间来打磨自己的技艺，然后重返巴黎。这次他待到了 1898 年，还把自己描述成一位可以配得上顶

下图　这款名为"吉斯公爵"的鞋是法国设计师皮埃尔·扬托尔尼设计的，采用深红色丝绸天鹅绒，绣有金银线。创作灵感来源于 17 世纪做礼拜所穿的服装，鞋跟采用路易十五风格。该鞋制作于 1912 年左右，现藏于罗马国际鞋履博物馆。

级公司的商人——这个称号在他的日记中反复出现。

扬托尔尼在伦敦待了两年，接触到制鞋的全新领域，他在那里学会了做鞋楦，他认为这是制鞋过程中不可或缺的一项技能。除此之外，他还得到了学习英语的机会，这在以后面对美国顾客时算得上是一笔巨大的财富。

他回到巴黎参加世界博览会后，暂时放弃了制鞋工艺，开始学习鞋履形状的塑造。圣道明街上的一间小屋便成了他的私人研究所。正如他在日记中所述：

> 这是我开始研究如何制鞋的地方。我长时间工作，数天不进食。经验本身使我受益，因为我看到自己在努力的事情上取得了进步。

四年后，扬托尔尼在巴黎郊区圣奥诺雷 109 号租下了一家旧面包店，并把自己打造成一名鞋子模具制造商。他制作了四种不同款式的鞋子模型，每款鞋子"所设计的线条足以吸引人们的眼球"，以至于他接到了许多订单。但他依然继续怀揣着如何吸引有钱人的想法。

> 我想为那些注重鞋履与服饰搭配的人设计鞋子，为了吸引这类顾客，
> 我必须做出更多的牺牲……

几年后，扬托尔尼在巴黎旺多姆广场 26 号楼上开了一家店铺，现在这里是珠宝商宝诗龙（Boucheron）的所在地。当扬托尔尼未能接到任何订单并受到制鞋公司批评时，他回应道："行动胜于雄辩，时间会证明一切。"

为了吸引顾客，扬托尔尼在橱窗上放置了一块标牌，上面写着"世界上最昂贵的鞋子"，这个说法就像品牌的名字一样。作为一名手艺大师，他寻找最富裕的顾客，只要他们有品位，有时间，最重要的是有能力支付 3000 法郎的定金，并接受六到八次的试装，就能为其做出一双完美的鞋子。

扬托尔尼在日记中特别强调了搭配短靴的技巧：这个过程必须要求脚部和鞋子完美契合。根据扬托尔尼的说法，如果鞋匠疏忽大意的话，可能会导致人们趾甲内生、老茧、鸡眼，甚至脚趾变大。因此他得出以下结论：

> 如果顾客从鞋匠手中购买到这些鞋子，那么他一生都将遭受疾病的
> 困扰，而且世界上没有任何医生可以治愈他。因此，那些关心自己健康
> 和福祉的人必须格外小心，不要随便将自己的脚交给一名鞋匠。

扬托尔尼继续以幽默的方式调查不同情况下穿着不合脚的鞋子而产生的影响：

> 如果你穿着质量不佳的潮湿鞋子，将会导致感冒以及其他疾病的发
> 生。（这一点已经得到了巴斯德的证实）
> 如果你在商务谈判中由于鞋子不适而导致脚痛，这不仅会影响你的
> 情绪，还无法顺利开展业务。

如果你去剧院看一部喜欢的戏剧作品，但穿的鞋子让你脚疼，你将无法享受其中的乐趣。

如果出去吃晚餐，要是你的脚部受伤了，那么无论饭菜多么美味，朋友们多么开心，你根本就无法感同身受。

这就是为什么扬托尔尼要坚持生产足部模具，以便所穿的鞋子不仅质量要好，而且穿起来十分舒适。

扬托尔尼在日记中，为我们展示了他精湛的制鞋技艺。同时，他还与我们分享了自己对这个行业的热爱，这种热爱已经贯穿到最小的细节之中。

对于女鞋而言，孔眼必须像纽扣孔一样进行手工制作；但为了追求美观，孔眼必须呈圆形，还需要足够扁平，避免对皮革纹理造成损伤，而且还要将孔眼排放得十分紧凑。

至于审美方面，我们只需翻开他的日记，就可以清楚地看到这对他来说有多么重要了。

我只是担心能不能一直将传统与艺术创造结合起来。

首先，传统鞋履不会对脚部产生危害。

其次，艺术创造方面则要让脚部看起来尽可能小巧，甚至可以修正天生的缺陷。

例如对于不匀称的脚而言，要制作出一双线条清晰且走路平衡的鞋子，才能引人注目。

他在日记里评论工业化时也采用了"引人注目"这一说法。

工产制造的鞋型较差，就是一种能把脚装进去的小盒子而已。而手工制鞋则必须根据顾客的审美进行定制。

制作出一双既符合脚型又满足个人审美的鞋子是非常困难的；如果

鞋面后面有一条接缝，就表明做工相当糟糕，当你从后面看他走路的时候，他的鞋跟与腿部看起来就像分离了一般。

虽然扬托尔尼在日记里声明发家致富并不是他的目标，但他定制的鞋子却价值不菲。1914年之前，他的第一单生意就高达3.5万法郎，可能是他的才华和特别的审美得到了人们的认可。其中，一本采用羊皮纸页制作并用奢华皮革装订而成的订单簿便证实了首次订单的高昂价格。订单簿中还记录了制作各种款式的鞋

pour avoir des clients dans ces conditions
il a fallu la transformation complète
de toute la cordonnerie du monde. C'est
donc pour vous donner une idée de
ma nouvelle école.

Le Soulier en Plumes

Le chef d'œuvre que j'ai voulu soumettre
avec yeux du public c'est le soulier
de plumes qui est fait avec de petites
plumes d'oiseaux venant du Japon mesurant
chacune à peu près 1 millimètre et demi.
Il a fallu 6 mois pour pouvoir en
achever une paire. Je n'ai pas fait cela
pour une spéculation de vente mais
seulement pour un objet artistique et faire
voir jusqu'où je pouvais pousser le degré
de la cordonnerie.

· LE·BOTTIER·LE·PLUS·CHER·DU·MONDE·

P. YANTORNY

N° 26. Place Vendôme

Paris, le   19

Reçu de
la somme de dix mille francs à valoir
sur l'ensemble de sa commande conformément au règlement
de la maison.

上图　这是皮埃尔·扬托尔尼的日记摘录，现藏于罗马国际鞋履博物馆。

下图　皮埃尔·扬托尔尼的收据，上面写着"世界上最昂贵的鞋匠"，现藏于罗马国际鞋履博物馆。

型，对脚部进行的传统和艺术性研究，以每双 125 法郎的价格购买了 50 双未加工的鞋子、50 个鞋撑、两个专门用于放靴子和鞋子的大箱子，每双鞋子还配有 6 双袜子（总共 300 双袜子），还包括纽扣、鞋拔、钮钩以及所有修护鞋子所需要的配件。

那么他的顾客到底是谁呢？其实顾客并不多，因为他只接待提前预约的顾客，这些客户主要来自俄国、法国，但以美国女性为主，例如家境富裕的丽塔·德·阿考斯塔·莱迪格（Rita de Acosta Lydig）。阿考斯塔是一位来自美国纽约的社会名媛，一共订购了 300 多双鞋子。这些鞋子都是真正的艺术品，她将其存放在俄罗斯皮革制的箱子里，箱子里面饰有天鹅绒，每个箱子可容纳 12 双鞋子。在纽约大都会艺术博物馆里便展示了其中一个与众不同的箱子。箱子里的每双鞋子都配有刻上"丽塔"（Rita）名字的鞋撑。其中一些鞋还采用了复古面料：扬托尔尼是纺织品方面的行家，他还可以从收藏家那里获取绒面、锦缎、缎子和蕾丝等材料来制作鞋子。

终于，这位不知疲倦的工作者认为需要稍作休息，于是他在 1930 年左右去印度休假了两年。与他关系最为亲密的人都清楚地记得这个故事：

> 有一天，我突然意识到自己开始关注那些从未做过的事情。于是，我坐火车去了马赛，然后乘船去了孟买。直到抵达大吉岭，我才停了下来。在那里，我走了很远的路，找了一个可以安静凝视珠穆朗玛峰而又无人打扰的地方；在那里待了五天，我只做了一件事，那就是凝视喜马拉雅山脉的静谧安详。这也是大多数人需要做的事情：停下脚步，去看看未知的世界。

经过这段漫长的亚洲之旅后，他成为一名素食主义者，热爱静默和冥想。尽管如此，他的意大利气质很快就展现了出来，他在切弗鲁斯山谷的家中，从鞋匠变成了农民。他用两头牛拉着犁耕种庄稼，自己收割小麦并亲手做面包。

扬托尔尼每天去上班时，会因为看到街上的行人穿着有瑕疵的鞋子而感到不安。经过深思熟虑之后，他提出要创办一所专门教授制鞋技艺的学校。为了教学，他梦想着将自己的手艺完整且系统化地记录下来。这在他的日记中有详细的记载：

> 我们需要一所学校，这所学校的学生需要通过考试，并根据他们的智力水平获得相应的奖励；换句话说，鞋匠要分第一名、第二名和第三名。……选中的年轻人必须被带到远离大城市的山区，这样他们就可以远离城市喧嚣，静心学习制鞋技艺。

扬托尔尼建议招收十四岁的学生，他认为要精通这门工艺至少需要八年，其中五年要用来学习如何制作鞋型和鞋楦。考试内容将包括测量三人的脚部大小并为每个人制作鞋型、鞋子和鞋楦。只有通过考试的人才能获得"鞋匠大师"称号，正如扬托尔尼补充的那样：

> 如果他荣获第一名，将有权为世界上
> 最优雅、最富裕的人定制鞋履，并以高价
> 售卖。

虽然扬托尔尼的学校从未建立起来，但他的研
究获得了奖励。1924年，他在美国注册了一项鞋带
系法的专利。十一年后，未来会成为教皇庇护十二
世（Pious XII）的帕切利（Pacelli）枢机主教代表圣
彼得感谢他对罗马教廷事业和需求的慷慨奉献，并
由教皇亲自为扬托尔尼及其家人送上特别的使徒
祝福。

这位能够流利说出三种语言（包括母语意
大利语、法语和英语）的人，却不会阅读和
写字。因此，他的伴侣只好伸出援手，并
在日记上记录下他口述的内容。该日记
以扬托尔尼描述饰有羽毛的鞋子为结尾，
该鞋子现藏于罗马国际鞋履博物馆：

> 我想向公众展示的杰作是
> 一双采用日本小鸟的羽毛制成
> 的鞋子，每根羽毛的长度约为
> 1.5毫米。要制作这样一双鞋子
> 需要花费半年时间。我制作它
> 并不是为了赚钱，只将其当作
> 一件艺术品，用以展示我在鞋
> 履制作领域达到的水平。

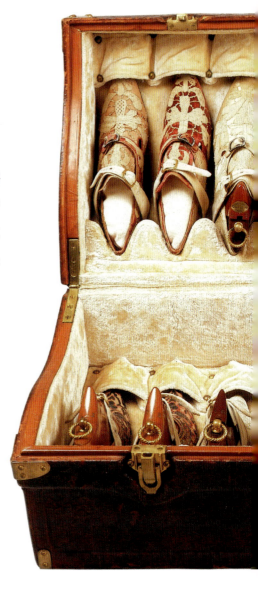

跨页图　这是由皮埃尔·扬
托尔尼为丽塔·阿考斯塔·莱
迪格定制的皮箱，采用皮革
和丝绸制成，现藏于纽约大
都会艺术博物馆。

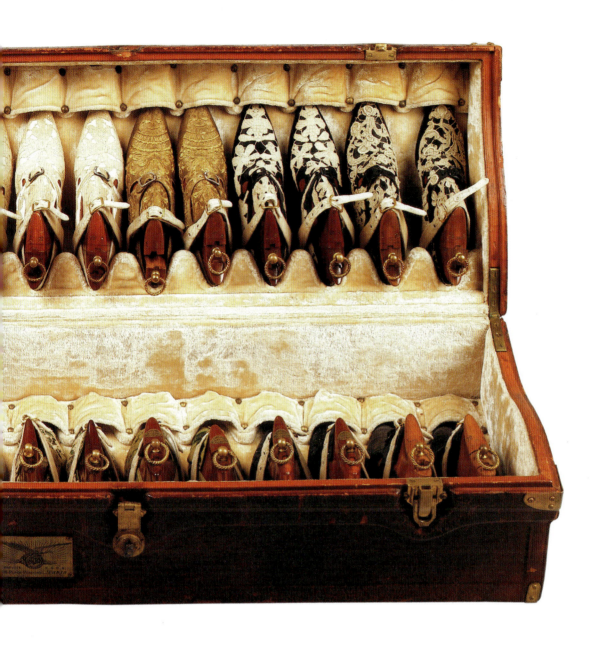

不久之后，他总结道：

我唯一的目标就是给博物馆保留一些能让后代欣赏的鞋子，留下的
不是财富遗产，而是鞋子所蕴含的艺术。

扬托尔尼于 1936 年 12 月 12 日逝世。他最重要的作品目前都收藏在纽约大
都会艺术博物馆和罗马国际鞋履博物馆里。

跨页图　版画《佩鲁贾之家与时尚鞋匠》，现藏于罗马国际鞋履博物馆。

安德烈·佩鲁贾：文艺复兴时期最后一位、现代主义第一位艺术家

安德烈·佩鲁贾（André Perugia），1893 年出生于托斯卡纳，被认为是 20 世纪最伟大的定制鞋匠之一。他的父亲是一名修鞋匠，为了摆脱贫困，带领全家移民到尼斯，并在那里开了一家鞋店。

佩鲁贾一开始就在父亲的作坊当学徒，十六岁时便跟着另一名鞋匠在尼斯继续学习。佩鲁贾很快意识到自己有跟老板一样的制鞋技术水平，于是决定接手父亲的店铺。在那里，他意识到了制鞋行业的局限性，并在创新方面表现出浓厚的兴趣。

佩鲁贾制作的鞋款引起了尼斯内格斯哥酒店老板夫人的兴趣，于是她给佩鲁贾提供了向酒店客人展示鞋子的机会。保罗·波烈在前往尼斯的旅途中碰巧看到了这些鞋子，当时佩鲁贾正好去那里给印度公主以及在里维埃拉度假的富裕顾客展示自己的鞋履。波烈希望通过色彩鲜艳的配饰增强自己时装秀的华丽与辉煌，只有安德烈·佩鲁贾同意在这么短的时间内生产出设计师需要的鞋履款式。时装秀取得了圆满成功之后，波烈便提出在巴黎帮佩鲁贾开一家店铺，由于战争的原因，该提议直到 1920 年才得以实现。

波烈成功地在时装秀上向他的顾客推荐了佩鲁贾。佩鲁贾没费什么力气，就带着满满的订单回家了。即便如此，他依然留在自己的家庭作坊里，梦想着为巴黎的上流社会制作鞋履。

一年之后，他的梦想终于实现了——他在巴黎市郊圣奥诺雷大街 11 号开了一家时装店。这家时装店将颇有名气的顾客所穿的鞋子连同他们的名字一起展示了出来，还包括部分奢华的鞋子，因此吸引了不少记者的注意。波烈的大力推荐功不可没，但佩鲁贾自身的才华天赋才是其成功的关键。

佩鲁贾为时装设计师打造了各式各样的鞋履，包括与波烈香水相对应的"阿莱克纳德"和"浪漫狂想曲"。与此同时，来自上流社会的顾客络绎不绝地涌入佩鲁贾的店铺，其中包括法国音乐偶像密斯丁格维特（Mistinguett）、"兴旺的 20 年代"异国舞者约瑟芬·贝克（Josephine Baker）、王后、公主、舞台银幕明星以及贵族。佩鲁贾只定制女鞋，但他有时也会出于善意，在特殊情况下制作男鞋，例如为莫里斯·切瓦力亚（Maurice Chevalier）服务。

从 1927 年开始，佩鲁贾跨越大西洋去美国招揽有钱的顾客。在那里，人们只有提前预约才能见到佩鲁贾先生。1933 年，佩鲁贾在巴黎和平街 4 号开了一家店铺，引入的"帕多瓦"品牌在美国的萨克斯第五大道进行销售。

他的国外销售网络还与英国莱恩公司合作。此外，1936 年，英国王后到巴黎访问期间还亲自

右图　1942 年佩鲁贾获得的专利证书，现藏于罗马国际鞋履博物馆。

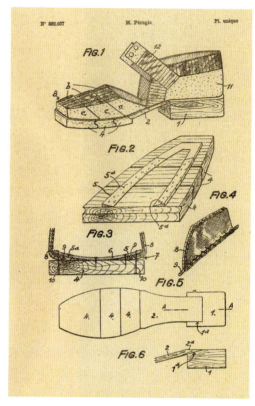

上图　这只军靴的鞋面由布条和皮革制成，内衬采用经过煮沸处理的兽皮，鞋跟为方形设计，鞋底材料则是由帆布与刀片切割的木质底板，制作于 1942 年。

向他下了订单，表示对他的崇敬。1937 年，他定居在和平街 2 号直至退休。

　　佩鲁贾一生留下了许多作品。人们要理解他的作品，必须从技术层面、灵感主题以及佩鲁贾与时装设计师的合作进行考量。其实，定制鞋匠的工作类似于高级时装设计师的工作，鞋匠会用石膏模型或者画图来记录脚的形状，并测量尺寸。鞋跟的款式和高度便决定了鞋子的样式。根据这些要素，要从一双不加修饰的鞋子制作出初始模型，鞋匠可以在顾客试穿时从模型顶部、侧面和鞋跟处进行调整。当模型完全适应顾客的脚之后，鞋子就可以开始制作了。佩鲁贾的部分订单是在其工坊里完成的，其余的则是其他鞋匠在家制作完成的。

　　对佩鲁贾来说，制鞋的难度与费用并不重要，重要的是鞋子适合走路，尺码准确。

　　20 世纪 20 年代，佩鲁贾的顾客平均每个季度都会购买近 40 双鞋，年销售额大致为 5 万法郎，这在当时可是一笔相当可观的数字。佩鲁贾采用了许多奇特的材料来制鞋，其中包括令人惊讶的外来皮革（例如美洲驼的腹部皮，用反针将羚羊皮进行刺绣涂饰）、织物、蕾丝、植物纤维和马鬃等。

他毫不犹豫地对传统皮革进行了彻底改造：蛇皮变成金色，鳄鱼皮染上绚丽的色彩。此外，他还采用刺绣和珐琅将鞋装饰得富丽堂皇，使其成为独一无二的设计。佩鲁贾堪称十全十美的工艺大师！

佩鲁贾非常清楚自身的不足，正因为如此，才激励他想要通过技术研究不断提高自身的工艺水平。他一直在设计新的工艺流程，其中有40项配有严谨插图的专利通过了注册，这些专利代表着他从1921年到1958年的整个职业生涯。我们要特别感谢佩鲁贾，因为他不仅在1942年二战期间发明了蓬勃发展的铰接式木制鞋跟，而且还在1956年发明了可巧妙互换鞋跟的方法。除此之外，佩鲁贾还发明了一种金制鞋面；铁匠也为他制作过鞋跟。佩鲁贾发明的鞋子通过改变已有的鞋跟结构挑战了平衡定律。

他对赤脚产生的兴趣促使他推出了一款适合晚宴的凉鞋。为了不影响行走，他尽量减小了鞋面的大小，并采用透明的乙烯基材料营造出赤脚的感觉。为了让鞋子更加舒适，他制鞋时考虑的是脚在运动时的状态，这与大家通常习惯考虑脚在静止下的状态有所不同。

佩鲁贾在1962—1966年间担任了查尔斯·卓丹公司的技术顾问，但他只是将其专利发明和技能应用于工业规模，严格上并没有参与创作过程。

佩鲁贾一开始在设计鞋履时就展现了与众不同的创造风格。由于时代的变迁和不同文化的滋养，他在设计风格上变得更加丰富多样。其中，东方风格在他创作的作品中体现得淋漓尽致，无论是晚宴鞋、城市鞋、公寓鞋，还是沙滩鞋，你都能看到东方元素的存在。佩鲁贾所展现的东方风格是受到俄国芭蕾舞团热潮影响而形成的一股时尚潮流。自1909年起，迪亚吉列夫（Diaghilev）的芭蕾舞团开始在巴黎演出。芭蕾舞剧《谢赫赛拉》展示了后宫女性的性感魅力，以色彩斑斓的舞台效果让大

下页上图 藏于罗马国际鞋履博物馆的"佩鲁贾接受鞋履咨询"印刷画。

下页下图 这是巴黎圣奥诺雷大街上佩鲁贾商店的橱窗展示。

家沉浸在东方的魅力之中。
1911 年 6 月 24 日，波烈举
办了一场名为"一千零一夜"
的波斯庆典，并以苏丹的装
束迎接来宾。1918 年，佩鲁
贾的摩洛哥之旅也丰富了其
想象力。毫无疑问，正是在
波烈的影响下，佩鲁贾才沉
浸在东方主义之中，并将其
作为自己设计鞋履时最喜欢
的风格之一。这种影响我们
可以从佩鲁贾加入中国元素
的图案中看到。此后，他还
把目光投向了日本，模仿其
绑腿鞋罩而制造出了凹槽鞋
底；在家乡附近的威尼斯，
他从包含面具元素的穆勒鞋
中获得灵感。

　　在寻找灵感的过程中，
佩鲁贾将希腊的高底鞋和罗
马的主教鞋作为典范。他
从中世纪时期的鞋子上获得
灵感，于是对 10 至 11 世纪
的粗糙鞋子产生了浓厚的兴
趣。这种鞋采用高筒鞋面，
并用一根细绳将其固定。他
成功将其改造成更为优雅的
款式，称其为"闪耀的太阳"。
除了它的名字令人回味，其
鞋面也让人印象深刻，鞋面

CONSULTATION

CHAUSSURES, DE PÉRUGIA

PERUGIA

上页上图　这是佩鲁贾制作的女式浅口鞋，采用蓝色小羊皮制成，印有金色图案，鞋跟和鞋面由一块雕刻并镀有金色树叶的木头制成。这款鞋履制作于 1950 年左右，是对 1923 年款式的复刻，现藏于罗马国际鞋履博物馆。

上页下图　这是佩鲁贾为阿尔莱蒂（Arletty）设计的一款晚宴凉鞋，采用小羊皮制成，染成金色，鞋底是镀金软木厚底，制作于 1938 年，现藏于罗马国际鞋履博物馆。

上图　这是一双佩鲁贾制作的凉鞋，由小羊皮制成，染成金色，鞋跟为金属材质并镶有水晶，制作于 1952 年，现藏于罗马国际鞋履博物馆。

下图　这是佩鲁贾制作的一双无跟鞋，采用紫色天鹅绒小牛皮制成，鞋带材质为金色小羊皮，鞋底是金色的抛光软木，制作于 1950 年，现藏于罗马国际鞋履博物馆。

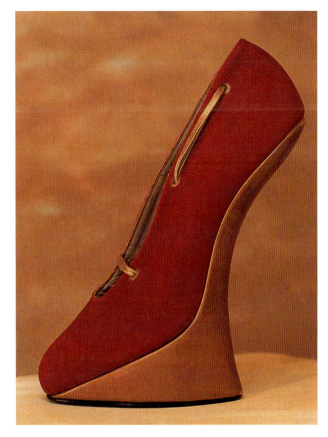

上图 这是佩鲁贾制作的黑色女式浅口鞋，采用小羊皮制成，鞋面呈鱼形，其风格受布拉克画作的影响，制作于1955 年左右，现藏于罗马国际鞋履博物馆。

下图 这是佩鲁贾于 1949 年制作的一双穆勒鞋，由奶油色的小羊皮和棕色的天鹅绒制成，鞋面饰有金色刺绣，鞋跟上覆盖着黑色和金色的小圆点，现藏于罗马国际鞋履博物馆。

下页图 这双晚宴凉鞋是佩鲁贾为杰奎斯·菲斯（Jacques Fath）设计的，由红色缎面和金色小羊皮制成。制作于1953 年左右，现藏于罗马国际鞋履博物馆。

采用细绳固定，而细绳又被隐藏起来。随后，佩鲁贾又推出了查理九世、萨洛米、宫廷鞋及薄底浅口鞋等款式的鞋子，其中鞋面是采用米色羚羊皮制成的，上面还饰有金色印花和镂空的菱形图案，这不禁让人联想到哥特式教堂的镂空窗户。除此之外，所处的艺术环境也对他产生了深远影响。波烈作为一名画家、作家兼设计师的赞助人，他让佩鲁贾成为一名博学多识的艺术收藏家，其设计鞋子上的几何装饰表现出一种立体派的艺术审美，1925—1930 年，装饰艺术风格的图案随处可见。佩鲁贾制作的木质高跟鞋经过雕刻，再用金箔精美镀饰，呈现出真正的艺术工艺。佩鲁贾是首位在装饰艺术沙龙上亮相的制鞋大师。

大约 1955 年，佩鲁贾凭借在美国创作的一系列鞋款达到了事业巅峰。每双鞋都是为了致敬 20 世纪的画家，其中包括毕加索、布拉克、马蒂斯、费尔南德·莱热、蒙德里安等人。佩鲁贾创作的鞋子虽然是艺术品，但仍然用来走路这一主要功能。

除了这些大胆的创作之外，佩鲁贾还为女装设计师制作了不少鞋履。他作为保罗·波烈的正式鞋匠，创造了各种装饰丰富、色彩鲜艳的尖头鞋，这与时装设计师突显笔直修长身材的服装搭配起来简直无懈可击！

从1930年到1950年，佩鲁贾与伊尔莎·斯奇培尔莉开展长期合作，两人取长补短，创作出不少新颖而独特的鞋子，尤其是现代风格的鞋款更是引人注目。第二次世界大战后，佩鲁贾开始与迪奥、杰奎斯·菲斯、巴尔曼和于贝尔·德·纪梵希开展合作。在此期间，他继续奔波于法国和美国之间，还与美国最知名的定制鞋匠 I. 米勒确立了伙伴关系。最后，他精彩的职业生涯以与查尔斯·卓丹的合作画上了圆满的句号，并将个人的特别收藏留给了该公司。这鼓舞人心的艺术资源如今在罗马国际鞋履博物馆展出。1977年11月22日，安德烈·佩鲁贾在尼斯去世。尽管他的某些设计借鉴了之前的设计风格，而且还从东方主义中汲取灵感，但从技术和美学研究来看，他的确实现了鞋履上的创新。

菲拉格慕

跨页图 这是一件 1985 年制作的青铜皮革复刻品，原款是萨尔瓦托勒·菲拉格慕在 1923 年为塞西尔·B. 戴米尔（Cecil B. DeMille）执导的电影《十诫》设计的，现藏于佛罗伦萨的菲拉格慕博物馆。

1898 年，萨尔瓦托勒·菲拉格慕出生在坎帕尼亚，这是意大利南部一座贫穷的小村庄。他是农民的儿子，九岁时就制作了第一双鞋子。萨尔瓦托勒将这双鞋子作为礼物送给了他的妹妹，以纪念她的第一次圣餐仪式，因为他不想让妹妹在那天穿着木底鞋去教堂。受初次制鞋经历的鼓舞，他决定在那不勒斯跟一位鞋匠学习制鞋技艺。1914 年，他移民到美国，在那里生活了十三年，他的工作主要是为电影业服务，也就是说他为电影界的明星制作鞋子，用于在大银幕上和城里穿着。出于对鞋子的舒适和优雅方面的考虑，他在加利福尼亚大学学习了解剖学，这让他认识到足弓在分配身体重量方面起到了重要作用。随后，他发明了钢制拱形支撑并进行了完善，自此以后他所有的设计都用到了它。1927 年回到意大利之后，1935 年他在佛罗伦萨一家传统鞋匠的店铺附近定居下来。随后，他买下费罗尼宫，这里至今仍是国际知名家族企业的总部。这一时期，意大利出现了经济问题，再加上随之而来的战争，萨尔瓦托勒·菲拉格慕只好采用廉价的材料制鞋，例如编织纸、稻草和麻，还把他那著名的鞋跟换成了软木材质。但这些困境并没有阻止他发挥制鞋的创造力。恰恰相反，因为正是在这一时期，他创造了自己一生最为知名的作品——楔形鞋底。这一发明取得了巨大的成功，让人们对他大加赞美。20 世纪 40 年代标志着一系列新发明的诞生，包括一款隐形凉鞋，其鞋面由尼龙线制成，鞋跟雕刻成"F"形状。

　　20世纪50年代，意大利那种令人振奋的氛围使得罗马、阿马尔菲和波特菲诺成为富人的旅游胜地，他们通常会来到佛罗伦萨购买菲拉格慕制作的最新鞋款。有一天，葛丽泰·嘉宝（Greta Garbo）一次性购买了70双鞋。每逢春季，温莎公爵夫人都会购买双色鞋。菲拉格慕将设计创意、独创性、想象力以及卓越的技术完美地结合起来，正是这些品质使其荣获1947年的尼曼·马卡斯奖。二十年后，他的女儿菲亚玛（Fiamma）也取得了同样的成就。萨尔瓦托勒·菲拉格慕逝世于1960年，他凭借自己的最美作品向我们继续讲述着自己的故事。这些作品目前在位于费罗尼宫的菲拉格慕博物馆中展出，可以为所有游客带来欢乐。

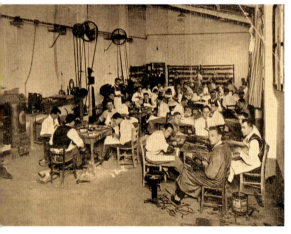

上图　这是1951年萨尔瓦托勒·菲拉格慕和埃米利奥·舒伯特（Emilio Schubert）在佛罗伦萨首次时装展上展示他们的最新作品"基诺"。

中、下图　1927年，萨尔瓦托勒·菲拉格慕回到佛罗伦萨后开了一家作坊。这些照片是为《大巴扎》杂志拍的，发表于20世纪20年代末，现藏于佛罗伦萨的菲拉格慕博物馆。

上图　这是菲拉格慕用尼龙和镀金皮革
制作的凉鞋，现藏于佛罗伦萨的菲拉格
慕博物馆。

下图　这是菲拉格慕为索菲亚·罗兰
（Sophia Loren）设计的一款鞋子，饰有
珍珠和刺绣图案，现藏于佛罗伦萨的菲
拉格慕博物馆。

阿尔弗雷德·阿金斯

阿金斯品牌成立于 1900 年，最初在巴黎圣奥诺雷街 89 号开业，后来搬到了金字塔街。这家知名的公司是巴黎鞋业工会的成员，专注于制作优雅的女鞋，吸引了许多知名而优雅的顾客，其中包括莎拉·伯恩哈特（Sarah Bernhardt）和克莱奥·德·梅罗德（Cléo de Sérode）。阿尔弗雷德·维克多·阿金斯（Alfred Victor Argence）在许多国际展览中荣获了奖项，例如 1908 年在佛罗伦萨举办的普通劳动展，1908 年在罗马举办的现代工业、装饰和商业艺术国际展，1942 年 10 月举办的"巴黎工艺家展览会"，以及 1948 年 9 月巴黎国际皮革大会期间由法国鞋业联合会组织的"鞋类制造企业展"。他继承父业，与高级时装开展合作。此后，公司逐渐衰落，直至 20 世纪 80 年代初倒闭。

上图　这是采用黑色丝绒材质制成的玛丽珍鞋，用金色小羊皮、水晶刺绣和银色丝质扣环进行装饰。鞋跟采用路易十五式风格，并饰有金色的合成塑料和假钻石。这款女士浅口鞋由设计师朱利安娜制作，现藏于罗马国际鞋履博物馆。

上图 这是由朱利安娜设计的女式浅口鞋，采用了大号胶木纽扣，上面饰有白色珍珠，采用红色小羊皮制成，现藏于罗马国际鞋履博物馆。

女鞋匠朱利安娜

朱利安娜（Julienne）是一名鞋匠大师的女儿，从小就开始学习制鞋的技艺。1919 年，她在巴黎的圣奥诺雷街 235 号开了一家店铺，后又在比亚里茨开了一家时装店。凭借创作鞋履模型的想象力和对法国传统工艺技术的掌握，她成了最顶尖的鞋履设计师之一。

朱利安娜专门销售精美鞋履，吸引了一批经济有限的优雅女性，她们无法承担定制鞋款的费用。朱利安娜制作的鞋履是定制款式的仿制品，优质的材料和精美的外观让她的鞋子从批量生产的平价品牌中脱颖而出。朱利安娜总是引领时尚潮流，吸收殖民地博览会展现的异国情调，并根据巴黎人的喜好调整鞋履风格。朱利安娜在二战结束之前就隐退了。

跨页图　这是玛萨罗在工坊的照片。

玛萨罗家族：鞋业豪门

　　1894 年，塞巴斯蒂安·玛萨罗（Sébastien Massaro）在巴黎和平街 2 号开了一家以自己名字命名的店铺。他有四个儿子，分别是弗朗索瓦、泽维尔（Xavier）、多纳（Donat）和拉扎尔（Lazare），他们在父亲的监督下学习如何做生意。

　　拉扎尔的儿子雷蒙·玛萨罗（Raymond Massaro）出生于 1929 年 3 月 19 日。由于自身的职业，他来到巴黎图尔比戈街的鞋履工艺学院进行深造，并于 1947 年获得了路易十五风格女鞋专业技能合格证书。年轻时期的雷蒙就完成了家庭工坊的培训。他还记得父亲当时为伊尔莎·斯奇培尔莉、温莎公爵夫人、俾斯麦伯爵夫人、百万富翁芭芭拉·霍顿、雪莉·麦克雷恩和伊丽莎白·泰勒定制过鞋子，他们都是巴黎和平街上时装店的常客，此外还有一些其他名人。

　　玛萨罗家族主要是为个人定制鞋履，与巴黎高级定制时装公司的关系日益亲密。1954 年，拉扎尔·玛萨罗为格雷夫人设计了一款芭蕾鞋，

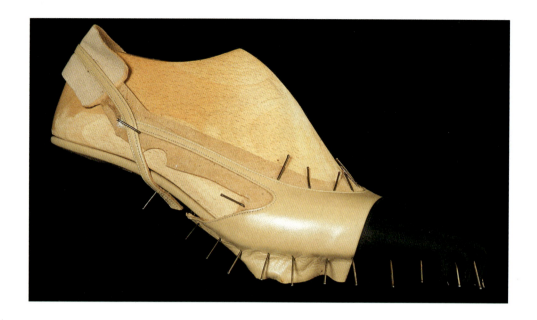

这对整个时代都产生了深远影响。随后，他在 1958 年为可可·香奈儿制作了那款著名的米黄色加黑色的凉鞋。

雷蒙·玛萨罗接手公司的管理工作，继承了父亲和祖父的事业。许多名人很欣赏他的才华，包括摩洛哥国王哈桑二世（雷蒙·玛萨罗成为他的鞋匠）、女演员罗密·施奈德（Romy Schneider）以及私人高级时装收藏家穆娜·阿尤布（Mouna Ayoub）。

雷蒙·玛萨罗还会满足一些特别的鞋履要求。曾经有一位印度王子与私人秘书一起来到巴黎，他是巴黎一家豪华酒店的常客。他的秘书已经习惯了在自己国家宫殿内赤脚行走的传统，以至于在贵宾酒店里穿鞋时会感到非常不适。出于礼貌，这位印度王子想要尊重法国的风俗习惯。于是，他让鞋匠做了一双无底鞋，可以让秘书的脚直接接触地面。这双灵巧的鞋子既符合了法国的传统要求，也满足了来自印度的传统要求。

雷蒙·玛萨罗也受到了不少大型时装公司的青睐，包括伊曼纽尔·温加罗、姬·龙雪、詹弗兰科·费雷、克里斯汀·迪奥、蒂埃里·穆勒、奥西马尔·韦索拉托、克里斯托夫·鲁克塞尔、奥利维埃·拉皮迪斯、让·保罗·高提耶和多米尼克·西罗普等。他曾为香奈儿的卡尔·拉格斐设计了各种款式的鞋履，并为阿瑟丁·阿拉亚制作过一款鞋跟看起来像女人大腿的树脂高跟鞋。作为一名设计师，他始终致力于鞋靴的原创与独特性。

上页图 这是玛萨罗为香奈儿设计的鞋履。

上图 1955年，玛萨罗为格蕾夫人的沙滩装设计了一双有弹性的女式浅口鞋。

中图 1958年，这是玛萨罗为香奈儿设计的鞋子。

下图 这是玛萨罗1992年制作的鞋子。

1994年，法国文化部授予雷蒙·玛萨罗"艺术大师"头衔，因为他将精湛的手艺和创新精神完美地结合起来。他还加入了"巴黎签名委员会"，该委员会成立于1997年，旨在通过卓越的艺术技能在法国和国际上推广代表巴黎时尚的相关企业。1999年，雷蒙·玛萨罗创作的鞋履成为在日本举办法国友好年的一部分，并在东京进行展示。

雷蒙·玛萨罗同样也致力于足部矫形学研究。

左图 该款黑色漆皮凉鞋是玛萨罗于
2001 年夏季为香奈儿设计的，配有
软木制成的鞋跟，上面刻有"香奈儿
城堡"（Château Chanel）字样。

右图 1991 年，这是玛萨罗为阿瑟
丁·阿拉亚制作的"大腿"厚底鞋，
该鞋漆上黑釉，由小羊皮制成，漆成
红色，鞋底也为红色。特殊的鞋跟是
采用树脂进行手工雕刻的。

下页上图 这是玛萨罗于 1991 年制
作的鞋履。

下页下图 1997 年，玛萨罗设计了
白色穆勒鞋，整个鞋面都是手工绘制，
并且饰有巴黎市徽，这项创作是为巴
黎签名委员会制作的。

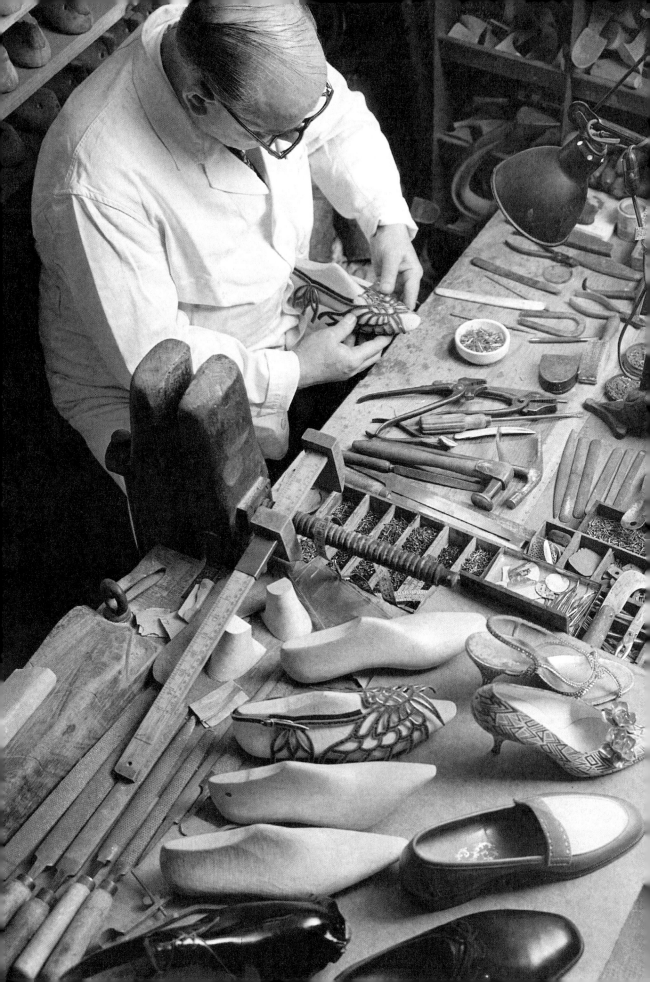

萨尔基斯·德尔·巴利安：不朽的鞋匠

萨尔基斯·德尔·巴利安（Sarkis Der Balian）是亚美尼亚人，出生于 20 世纪初的小亚美尼亚艾塔布的西里西亚。他很早就对鞋子产生了兴趣。七岁那年，他成了孤儿，一位制鞋匠收养了他，慢慢向他传授制鞋的技艺。制鞋匠很快就发现这位年轻的学徒在制鞋方面极有天赋，不但具备超乎寻常的手艺，还勤奋刻苦，于是他鼓励这个男孩继续向制鞋技艺方向发展。

这个孩子对这门手艺爱不释手，还坚信亚美尼亚的那句谚语："学一门传统手艺就像手腕上带了一个金手镯。"1929 年 3 月 7 日，他来到了法国巴黎，向许多定制鞋匠的工作室展示自己的手艺。大约在 1934 年，他加入了圣奥诺雷大街恩泽尔的鞋匠店，并担任四十名工人团队的负责人。著名人士查尔斯·里茨（Charles Ritz）负责管理整个公司，他对巴利安的工作赞赏有加。在此期间，巴利安还为玛丽·居里、飞行员海伦·布歇（Hélène Boucher）和密斯丹格苔（Mistinguett）等人制作过鞋子。

巴利安为恩泽尔鞋店工作的几年里富有成效，独立制作过一些鞋子模型，这是他展现自我的机会。与此同时，他还为一些顾客制作过鞋子模型，例如迈克斯·巴利，还有在罗马的费内斯特里尔尤尼克工厂、弗热尔工厂以及巴黎的女鞋制造商贝森公司。与此同时，他还改进了一些大牌时装设计师的鞋履模型。

1935 年，巴利安到意大利游历，那里给他留下了美好而深刻的印象，为他设计女式浅口鞋、凉鞋、短靴和鞋子提供了灵感。1936 年发生的一些事件直接导致了恩泽尔公司倒闭。随后，巴利安又来到一家名为"赛诗丽"的公司，并担任技术经理，该公司位于里沃利街和雷纳德街的交汇处，专门面向男性、女性以及儿童生产鞋类产品。1939 年，巴利安拒绝了德尔曼给予自己在美国制鞋的机会，因为他对法国情有独钟。1943 年至 1945 年期间，他在巴黎的苏尔迪耶尔街上开了一家店铺。早期他亲自为店铺设计的洛可可风格的室内装饰，至今仍然完好无损。1947 年，他获得的功名成就让其搬进圣奥诺雷街 221 号一家更大的店铺。于是，他对店铺的内部及装饰又进行了设计，旨在打造一个优雅而舒适的环境以吸引那些要求极高的顾客。巴利安是一名技艺高超的工匠、制鞋师、靴匠、模型制造商和设计师，他制作的鞋子十分舒适，因此他称自己为"打造舒适鞋子的德尔·巴利安"。

巴利安不断追求创新，促使他创作了"灰姑娘的历史"等杰作。这是一幅真正的微型画，由 50 多万个皮革小块组成。他制作的一双鞋履也采用了同样的技术，鞋面上画的是从苏黎世市政厅朝窗户向外看的景色。当时，苏黎世政府一直想买下这双鞋，但遭到了巴利安的拒绝。这件作品是他花了一年多的心血完成的，他从未在意要花多长时间，为了将其创作到满意的程度，他愿意反复修改，因为只有结果对他来说才是最重要的。

巴利安在漫长的职业生涯中为许多名人制作过鞋子，其中包括画家萨尔瓦多·达利和杜诺叶尔·德·塞贡扎克，雕塑家保罗·贝尔蒙多，演员克劳德·道芬、加比·莫勒特、葛丽泰·嘉宝和洛朗·特兹弗，拳击手乔治斯·卡彭蒂尔，艺术家亨利·萨尔瓦多和耶胡迪·梅纽因，作家让·阿努伊、阿拉贡和艾尔莎·特丽奥莱，还有飞行员让·梅尔莫兹。

上页跨页图 这是萨尔基斯·德尔·巴利安在工作台的照片。

跨页图 这是萨尔基斯·德尔·巴利安 1950 年在巴黎创作的"苏黎世家"鞋子，鞋面由羊皮纸制成，嵌有天然彩色的皮革，未经过任何雕绘，透过苏黎世市政厅的窗户就可以看到这样的风景。

自 1930 年以来，巴利安在国家和国际展览会上荣获了众多知名奖项和最高奖项。1955 年，他在博洛尼亚赢得了鞋类世界杯冠军，其获奖杰作名为"弗洛拉利"，这是一只镶有空心银制鞋跟的鞋履。陪审团对这双鞋子赞不绝口，并称巴利安为"鞋履界的米开朗琪罗"。为此，巴黎市还授予了他大金章。1958 年，他被评为法国最佳工匠，法国国家教育部曾连续五次聘他为技术培训顾问。

巴利安会主动向年轻一代传授制鞋相关的知识。此外，他还会客观评价作品并认可其中的高质量之作；这也是他最大的乐趣。在妻子和女儿阿斯特丽德（Astrid）的帮助下，他经营着自己的生意直至 1995 年。巴利安于 1996 年 3 月 29 日逝世。

如果我们停下来注视那些展示在罗马国际鞋履博物馆里的作品，这位充满激情的制鞋大师仿佛依然会与我们对话。

上页上图　这是萨尔基斯·德尔·巴利安设计的查理九世风格的栗色缎面鞋，鞋底为砖形，鞋跟笔直，并且使用金色小羊皮以模仿油漆效果，制作于1940年左右。

上页下图　这是萨尔基斯·德尔·巴利安在巴黎为1955年鞋类世界杯而制作的一款名为"弗洛拉利"（Floralie）的鞋子。鞋面由拷边及交叉的紧带组成，鞋跟镀银并镶嵌着彩色的皮革。

上图　这只名为"灰姑娘"的鞋子是萨尔基斯·德尔·巴利安制作的。该作品于1950年在巴黎问世。鞋面由童话般的天鹅绒制成，上面还镶嵌着五颜六色的小亮片。

贝鲁蒂制作的男鞋。

贝鲁蒂：三代艺术家

上图　奥尔加·贝鲁蒂（Olga Berluti）的照片。

亚历山大·贝鲁蒂（Alexandre Berluti）出生在意大利的塞尼加利亚，他从小就开始学习木工。最初，这项手艺让他对精细木材加工产生了兴趣，后来制鞋的时候再次激起了这一兴趣。他不但有出色的手工技巧，还掌握了与皮革工艺相关的知识，并且将这些知识传承给后代。有一位名叫伊莱布兰多（Ilebrando）的老鞋匠移民到马赛，他动人的故事传到了贝鲁蒂的村庄，随后贝鲁蒂便产生了去旅行的念头。于是 1887 年左右，他带着伊莱布兰多的工具踏上了新征程。某一天，他在路上邂逅了一家杂技团，便跟随他们数年之久，并为他们制作鞋子。

1895 年抵达巴黎后，贝鲁蒂开始跟着鞋匠学习手艺，专门制作定制鞋，这一传统延续到今天的贝鲁蒂公司。1900 年，世界博览会为贝鲁蒂提供了让众人认识他的机会。回国之后，他经营了一家作坊，直至去世。他将自己的技艺秘密传授给了儿子托雷洛（Torello）。

托雷洛在父亲的作坊里做学徒时，勤奋刻苦，追求上进。凭借雕塑家般的技艺，他用手测量、切割、打磨，最后组装鞋子。在"兴旺的 20 年代"，他定居巴黎，并于 1928 年在塔博尔山街开了一家名为贝鲁蒂的时装店，专门制作定制鞋。

该品牌的风格是通过三种具有象征意义的款式确立的：第一种，绑带高跟鞋（又称教皇鞋，采用整块材料制成，没有接缝）；第二种，用整块材料制成的平底鞋或软帮鞋（被称为"文艺复兴时期的公主鞋"）；第三种，拿破仑三世款式鞋，这种款式侧面有弹性，得到了温莎公爵"既谦逊又调皮"的评价。

从此之后，贝鲁蒂声名鹊起，吸引了周围许多住在奢侈酒店的国际顾客的关注，后来店铺便搬到了马尔博夫街 26 号。这家店成了专门展示男士鞋履的优雅殿堂，店面采用木材和皮革进行装饰，以向这个家族的双重工艺致敬。20 世纪 50 年代初，经常能在贝鲁蒂的店铺里见到各种名人：詹姆斯·德·罗斯柴尔德、阿兰·德·冈茨堡、萨沙·迪斯特尔、埃迪·康斯坦丁、贝尔纳·布里埃、加斯顿和克劳德·加利玛德兄弟、查尔斯·文恩、费尔南·格拉韦、马塞尔·莱尔比埃、皮埃尔·蒙迪、尤·伯连纳、马塞尔·阿沙尔、朱尔斯·罗伊和安德烈·于纳内贝尔。这些名字足以展示贝鲁蒂在 1958 年是如何赢得有钱人的青睐的。

　　20 世纪 60 年代初，贝鲁蒂公司成立，并由托雷洛的儿子塔尔比诺（Talbino）接管。塔尔比诺从十四岁开始便学习鞋匠手艺，后来选择了建筑学专业。父子各自扮演角色，塔尔比诺不但聪明伶俐，而且想象力十分丰富，因此，他负责构思和设计，托雷洛则协助儿子实现梦想。在这种紧密的合作关系中，系带软帮鞋于 20 世纪 40 年代初诞生了。1959 年，塔尔比诺打破了公司的传统，引入高档成衣，让公司从原本以定制为主导的领域中取得突破。这满足了要求极高且缺乏耐心的顾客，搭配这些高档成衣的鞋履便立即开始供应，而且价格较低，于是顾客越来越多，促进了公司的发展。

下图 位于巴黎马尔博夫街 26 号的贝鲁蒂时装店。

下页图 贝鲁蒂制作的男鞋。

贝鲁蒂制作的男鞋

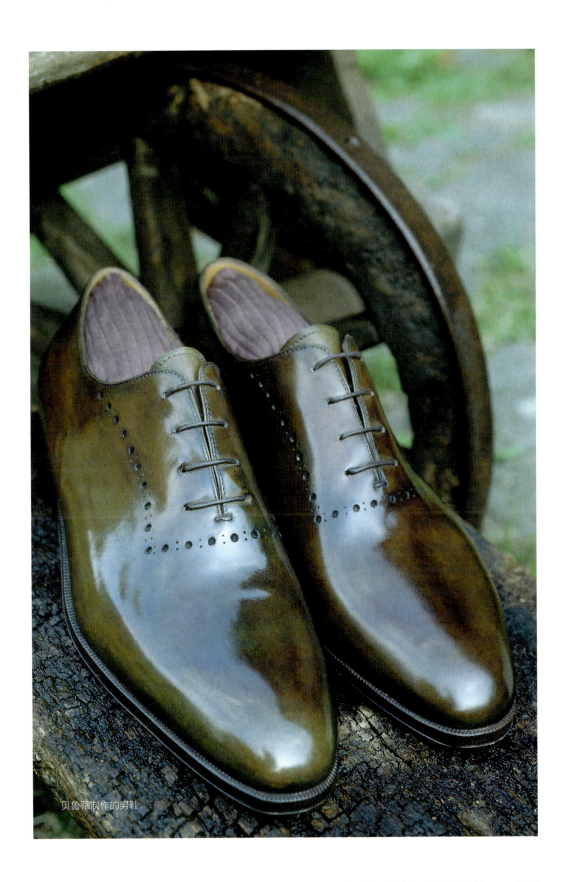

贝鲁蒂制作的男鞋。

左上图　贝鲁蒂制作的男鞋。

右上图　贝鲁蒂专为加斯顿·加利玛德
（Gaston Gallimard）设计的鞋子。

左下图　贝鲁蒂为加利玛德设计的鞋子。

右下图　一双来自贝鲁蒂公司的男鞋，
塔图埃收藏。

如果不去测量脚部大小，那么怎样才能制作出一双完美合脚的鞋子呢？塔尔比诺和他的堂妹奥尔加通过总结五类人的足形解决了这个问题，这五类人分别是：自命不凡的人、知识分子、脆弱的人、受虐狂和心情不悦的人。这些足形各自对应一份"视觉图表"，这让顾客在脱下鞋子后能够直观地看到最适合自己的鞋履模型。

1960—1980年间，塔尔比诺一直在努力经营公司。他和父亲热情款待顾客，引领他们进入一个精致时尚的世界。

奥尔加·贝鲁蒂出生于意大利，童年时期在帕尔马和威尼斯度过，但从内心和文化上来看，她是一个巴黎人。大学期间，她对哲学产生了浓厚的兴趣，然后致力于创作定制鞋履。1959年，她来到马尔博夫街，开启了长达十年充实而富有成效的学徒生涯，并与贝鲁蒂公司一些职业为外科医生的顾客一起学习。他们共同研究鞋履的使用方式、站姿以及脚部形态，从而诊断脚部与背部所存在的问题。这项"临床研究"催生了一系列有关"舒适"的生理线。新的观念从此出现，奥尔加向那些习惯穿传统鞋子的顾客提供新款鞋履，满足他们梦寐以求的鞋子造型和颜色。鞋履出现了绿色、灰色和黄色这些不同寻常的颜色，吸引了弗朗索瓦·特吕弗、安迪·沃霍尔、罗曼·波兰斯基和雅克·拉康等顾客的关注。后来，这家时装店变成了一家沙龙，即使人们再忙碌也会停下脚步与奥尔加寒暄交流，因为这位鞋匠已经是艺术家和大诗人了。皮鞋暴露在月光之下会产生漂白的效果，因为月亮这股神奇力量会与奥尔加合作，使其制作的鞋履拥有深沉的色调和前所未有的光泽度。奥尔加凭借自身出类拔萃、振奋人心及对工作充满激情的态度，成为这一知名品牌的形象大使。与此同时，她还负责在全世界推广和打造贝鲁蒂的时装店。该公司目前的设计反映了城市运动鞋这一时尚现象，就像最近在圣日耳曼大道上开的一家时装店所提供的款式一样。但他们在21世纪不太可能改变传统手工这一制鞋方式，因为它已经成为贝鲁蒂三代人的象征。

罗杰·维维亚：鞋履设计师

罗杰·维维亚，1907 年出生于巴黎。十三岁那年，他去了朋友家开的一家鞋厂工作，在那里学习制鞋的基础知识和制鞋的技术。

罗杰·维维亚凭借自身的艺术才华顺利进入巴黎美术学院学习雕塑。1926 年至 1927 年期间，也就是在二十岁时，他决定致力于鞋履设计。他与戏剧服装设计师保罗·塞尔滕哈默（Paul Seltenhammeur）的相遇是必然的；他们一起参观了威尼斯和柏林，并将注意力转向与他所处时代的艺术和文学前卫密切相关的世界。密斯丹格苔、约瑟芬·贝克和玛丽安·奥斯瓦尔德（Marianne Oswald）都订购过维维亚的鞋子。维维亚以兼容并蓄的艺术审美引领着所有的前卫潮流，沉浸在当时伟大的艺术运动中，包括法国的装饰艺术、德国的包豪斯、奥地利的维也纳工坊。他对这种文化的融入也体现在他长期居住的公寓装饰上。

1936 年，罗杰·维维亚被聘为法国劳德雷穆斯公司的独家设计师和鞋款制作人，该公司位于旺多姆广场 16 号，属于一家德国大型制革厂的法国分部。他负责打造一系列极具巴黎风格的鞋款，以赢得顾客的青睐，从而促进大量皮革的销售。

1937 年，罗杰·维维亚在皇家路开了第一家店铺，他在工坊里制作的鞋履会售卖给许多法国和美国顾客。维维亚还为全球最大的制造商设计鞋子，例如德尔曼。他还保证自己设计的鞋履在美国绝无仅有。因此，维维亚吸引了时尚界的关注，尤其是伊尔莎·斯奇培尔莉。

由于战争的原因，维维亚加入军队，因此不得不关掉位于皇家路的工作室。他 1940 年退役后，接受德尔曼的邀请前往美国工作。1941 年，他乘坐横渡大西洋的"勒克塞特"号前往纽约。他在船上邂逅了苏珊娜·雷米（Suzanne Rémy），她是一名来自阿涅斯公司的顶级帽子设计师，正与母亲一起移民美国。太平洋战争爆发后，皮革的使用受到了严格限制，因为必须首先满足军队的需求。由于原材料短缺，罗杰·维维亚就去给摄影师乔治·霍宁根－华内（Georges Hoyningen-Huene）当助手，那时候他正给《哈波时尚》杂志拍照。

跨页图 罗杰·维维亚于 1955 年设计的减震高跟鞋。

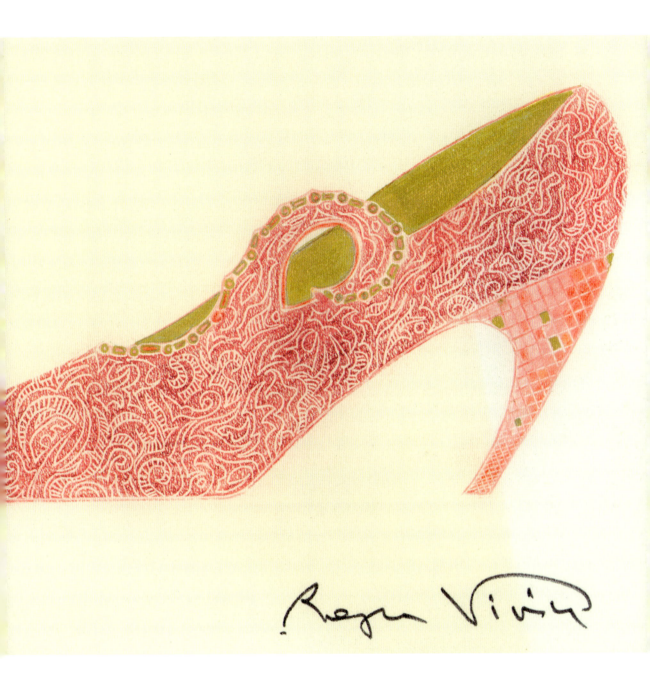

维维亚在那里开始接触时尚界人士，结识了当时《哈波时尚》杂志的编辑卡梅尔·史诺（Carmel Snow）。他还与费尔南·莱热（Fernand Léger）成为好朋友，并与其他流亡的欧洲艺术家交往，比如马克斯·恩斯特（Max Ernst）、考尔德（Calder）和夏卡尔（Chagall）。与此同时，他还为波道夫·古德曼（Bergdorf Goodman）工作，并在晚上与苏珊娜·雷米一起学习如何制作帽子。1942 年，一家名为"苏珊娜和

罗杰"的帽子店在麦迪逊大道和第 64 街的拐角处开业。不到一年，这家店就成了纽约最具巴黎特色的店铺。1947 年，他回到巴黎，结识了未来的合作伙伴米歇尔·布罗德斯基（Michel Brodsky）和克里斯汀·迪奥。1953 年之后，他为迪奥制作所有定制鞋履。同年，他还为英国女王伊丽莎白二世的加冕典礼制作了鞋履。

两年之后，克里斯汀·迪奥和罗杰·维维亚提出要成立"成衣时装"鞋履部门的想法。这是巴黎时装设计师首次与制鞋商合作，旨在推广大众产品。1954 年，一款高为 7 至 8 厘米的细跟鞋取代了褶皱鞋，并一直占据市场主导地位，直到 1956 年细高跟鞋的问世这一局面才得以改变。细高跟鞋也是罗杰·维维亚的创新之作，鞋上装饰着由雷贝设计的 18 世纪风格的华丽刺绣。维维亚与伊夫·圣罗兰的合作总是能制作出最有创意的鞋履。

上图　这款晚宴凉鞋是由罗杰·维维亚于 1985 年在巴黎设计制作的，使用透明硬纱和假钻石进行装饰，现藏于罗马国际鞋履博物馆。乔尔·加尼耶摄影。

下页图　这是罗杰·维维亚 1987 年创作于巴黎的红色"波兰那"式尖头鞋，采用天鹅绒、吊坠和珍珠装饰，现藏于罗马国际鞋履博物馆。

　　以 1959 年的"弓形跟"为例，它之所以得名是因为初见之时令人震撼，并取得了巨大的成功。1960 年，皮革纽扣跟和枝状跟引起了人们的关注。方头鞋在 1961 年取得了成功，当时英国女王伊丽莎白二世、伊朗王后、温莎公爵夫人、杰奎琳·肯尼迪、奥莉薇·黛·哈佛兰、玛琳·黛德丽、伊丽莎白·泰勒、索菲亚·罗兰等女性都开始穿着这款鞋。

　　1963 年，罗杰·维维亚与米歇尔·布罗德斯基在弗朗索瓦一世大街 24 号开了

上图 这是罗杰·维维亚1987年创作于巴黎的绿色"波兰那"式尖头鞋,采用天鹅绒、吊坠和珍珠装饰,现藏于罗马国际鞋履博物馆。

下图 这是罗杰·维维亚于1963年在巴黎设计的晚宴凉鞋,采用蓝色的缎子制成,上面还有亮片装饰,鞋跟呈"逗号"形状,现藏于罗马国际鞋履博物馆。

一家时装店。其中，逗号形状的鞋跟是他创作奢侈鞋履的代表作。1965年，他为伊夫·圣罗兰设计了一款具有堆叠式鞋跟的鞋履；这款方头鞋还装饰有金属扣环，销售量达到数万双。除此之外，它采用的透明乙烯基等合成纤维材料也引起大家极大的兴趣。

1970年，维维亚从嬉皮士风格中获得灵感而创作出长筒高跟鞋，这款鞋深受碧姬·芭铎和迷你裙爱好者的喜爱。维维亚还为不少名人提供过定制鞋履的服务，其中包括日本皇后、摩纳哥王妃格蕾丝、克洛德·蓬皮杜和罗密·施奈德等。订单上那些王室成员、公主以及女演员的名字让人印象深刻。作为一名鞋匠大师，维维亚在国际上享有盛誉，吸引了来自世界各地的顾客。其中一位顾客甚至为她的贵宾犬"糖果"订购了鞋子。尽管维维亚对这个订单感到有些惊讶，但他仍然接受了。试穿当天，维维亚拿出了两只适合这只贵宾犬爪子的鞋履模型。此时，小狗开始在商店里四处乱跑，但它的主人却目不转睛地注视着这些鞋子模型。她的表情随后变得惊慌失措，转身对维维亚说道："可是我的狗有四只爪子呀。"罗杰·维维亚恍然大悟，立即修正了这一疏忽，好让他这位忠实的顾客满意。

维维亚制作的鞋子大小和形状都恰到好处。他们设计的高跟鞋风格也十分大胆，例如创作的花茎般高跟，或者康康舞鞋、吉尼奥尔鞋和普奇内拉鞋等不同寻常的鞋款。还有一款鞋的鞋跟形状像是摊平的球体，这款鞋是玛琳·黛德丽的最爱。它所使用的材料种类繁多，令人惊讶不已：鞋子上不仅装饰着镶有黑色边缘的金色雉鸡羽毛、珍珠鸡羽毛和翠鸟羽毛，甚至还采用了豹皮进行制作。

罗杰·维维亚与刺绣工弗朗索瓦·莱塞格（François Lesage）一起制作的部分鞋履镶嵌着珍珠、色彩鲜艳的铅质玻璃亮片和华丽的刺绣。罗杰·维维亚与巴黎高级定制合作于1972年结束，但外国公司还是为他提供了创作的机会。维维亚的儿子热拉尔·贝努瓦–维维亚（Gérard Benoît-Vivier）给予了他莫大的帮助。罗杰·维维亚于1998年10月1日逝世。那天他仍然在图卢兹联排别墅的工作台前忙碌。他一生中最为重要的鞋履收藏证实了他制鞋的天赋、精湛的制鞋技艺以及不懈努力的品质，这些经典鞋履现藏于以下博物馆：时尚与纺织品博物馆（巴黎）、加列拉宫时尚博物馆（巴黎）、国际鞋履博物馆（罗马）、维多利亚与艾尔伯特博物馆（伦敦）以及大都会艺术博物馆（纽约）。维维亚制作的鞋履一直在众多国际展览上进行展示，以此向他表达崇高的敬意。

弗朗索瓦·维庸

　　这位鞋匠的真名叫邦弗尼斯特（Benveniste），而弗朗索瓦·维庸（François Villon）只是他借用的化名，因为他钦佩中世纪法国这位伟大的诗人。

　　弗朗索瓦·维庸曾与佩鲁贾公司开展密切合作，并在该公司担任总经理。1960 年，他在巴黎郊区圣奥诺雷街 27 号开了一家店铺，创立了自己的设计工作室，致力于制作他在佩鲁贾公司试验过的定制鞋履，还要将其大规模生产。大约

在1965年，弗朗索瓦·维庸品牌取得了巨大的成功，吸引了一批崇尚高雅并享有盛誉的顾客。

弗朗索瓦·维庸制作的鞋履风格并非始终紧跟时尚潮流，有时也会与时代脱节。他设计的靴子款式多样，包括长及大腿的皮靴（这是1968年塞拉（Sheila）在电视剧中穿过的一款红色皮革制成的过膝靴）、城市居民所穿的牛仔靴和骑士靴。1970年，他还推出了可以与路易斯·费雷的连衣裙搭配的切口靴。

从1969年开始，他的芭蕾舞女演员参加了同一位女装设计师的时装秀。他专门设计了适合运动、都市及晚宴的鞋子，对此一视同仁。他还创作了一双结构极为复杂的螺旋式鞋跟。

弗朗索瓦·维庸很快在米兰、纽约、新加坡和中国香港等地开了时装店。

选择弗朗索瓦·维庸设计的鞋子作为时尚鞋款的高级时装公司包括爱马仕、香奈儿、泰德·拉皮迪斯、让·巴杜、莲娜丽姿、让·路易·雪莱、路易斯·费雷和浪凡。

弗朗索瓦·维庸逝世于1997年，他一生都在为制鞋事业奋斗。

跨页图　法国设计师弗朗索瓦·维庸于1980年左右制作的一款鞋子，采用十一种颜色的小羊皮制成，其鞋跟笔直，现藏于罗马国际鞋履博物馆。

右图　这是一款高跟绒靴，由法国设计师弗朗索瓦·维庸于1980—1981年间在巴黎制作，现藏于罗马国际鞋履博物馆。

安德里亚·菲斯特：愉悦之脚

安德里亚·菲斯特，1942 年出生于意大利马尔凯大区的佩扎罗。他十八岁时进入佛罗伦萨大学攻读艺术史专业，二十岁从米兰设计学院毕业。1963 年，他在阿姆斯特丹最佳鞋履设计师国际大赛中荣获一等奖，从那以后他开启了职业生涯，以下是他在重要时间节点所取得的成就。

1964 年，菲斯特定居巴黎，为高级时装公司让·巴杜和浪凡设计鞋履系列。

1965 年，菲斯特用自己的名字推出了第一款鞋履产品。

1967 年，菲斯特与让－皮埃尔·杜普雷相识，并成为合作伙伴，他们一起在巴黎康朋街开了第一家安德里亚·菲斯特时装店。

1974 年，菲斯特购买了一家每天可以生产200 双鞋的工厂，并推出箱包、腰带和围巾等一系列新产品。

1987 年，菲斯特在米兰的圣安德雷斯大街开了第二家时装店，这个地方非常具有象征意义。

1988 年，菲斯特再次被评为最佳鞋履设计师，并荣获由纽约时尚鞋类产品协会和时尚媒体协会颁发的时尚勋章。

1991 年，菲斯特与蟒蛇制革厂（爬行动物皮专家）和斯特凡妮亚（小山羊皮和绒面革专家）开展合作，共同创作了他设计的一系列色彩丰富的产品。他构想的鞋履款式将蟒蛇皮革、小羊皮革以及绒面革完美地结合在一起。

下图 安德里亚·菲斯特在 1984—1985 年冬季设计了一款以企鹅为主题的踝靴，由蛇皮和绒面材质制成，现藏于罗马国际鞋履博物馆。

下页上图 这是安德里亚·菲斯特于 2002 年春夏季设计的一款"番茄"穆勒鞋，现藏于罗马国际鞋履博物馆。

下页下图 这是安德里亚·菲斯特于 2002 年春夏季设计的一款"胡萝卜"凉鞋，现藏于罗马国际鞋履博物馆。

1993 年，意大利罗马国际鞋履博物馆为他举办了一次回顾展。该展览于 1996 年移至多伦多的鞋履博物馆，并于 1998 年在洛杉矶和旧金山的时尚设计商业学院展出。

一直以来，菲斯特对鞋子的美观与舒适的结合深感兴趣，并因在鞋形和鞋跟方面的研究而闻名。他挥洒自如地在各种主题上进行即时创作，例如水果、花卉、动物、星夜、海洋、音乐、马戏团、拉斯维加斯等。

菲斯特制作的鞋子采用了经典的巴洛克风格，华丽非凡，大胆又不失远见；他还采用多彩的玻璃珍珠、铅质玻璃、亮片甚至刺绣进行装饰，吸引了众多顾客的注意。其中明星顾客包括乌苏拉·安德斯、坎迪斯·伯根、杰奎琳·比塞特、克劳迪娅·卡汀娜、凯瑟琳·德纳芙、波·德瑞克、琳达·伊万斯、麦当娜、丽莎·明尼里、戴安娜·罗斯、芭芭拉·史翠珊、伊丽莎白·泰勒和雪儿·薇瓦丹等。

正如让 - 克劳德·卡里埃尔所言："穿上安德里亚的鞋子，双脚便有了自己的风格，就像是永远穿着一双会微笑的鞋子，每天都会带来独特的体验。即使在阴沉的天空下，也能轻快地行走。这近乎是一种幸福。"

下图　罗伯特·克雷哲
里 1998 年春夏季设计
的穆勒鞋，现藏于罗马
国际鞋履博物馆。

下页图　罗伯特·克雷
哲里的照片。

罗马精品制鞋业的兴起：20 世纪的伟大人物约瑟夫·费内斯特利尔和罗伯特·克雷哲里

中世纪，罗马的制革工匠如雨后春笋般涌现。大约 1850 年，弗朗索瓦·巴泰勒米·纪尧姆（François Barthélemy Guillaume）提出利用该城市现有的制革厂建立第一家木底鞋工厂。

从 19 世纪开始，罗马鞋享有一定声誉。火车站开通于 1864 年，允许长途运输。与此同时，与鞋相关的行业也在迅速发展，尤其是制鞋模型工厂。1890 年，随着工业革命的到来，电力发动机的使用蓄势待发，不仅推动了机械化的迅速发展，还彻底改变了工业的面貌。但罗马拥有一大批技术熟练的劳动力，他们知道如何手工完成生产的每个环节。因为担心变革会导致大量工人失业，所以他们并不欢迎技术现代化的到来。

20世纪初，像利摩日和弗热尔这样大型的制鞋中心就使用了机器制鞋，不仅能减少工人，节省成本，还能增加产量。这对罗马人来说无疑是个沉重打击，但他们仍然坚持高质量生产。

大约1900年，罗马人通过不懈努力，所有工厂（35家工厂和3000名工人）都配备了精加工机器，每月可以生产10万双鞋。这3000名工人中，有三分之一在工厂工作，其余都在家里干活。这一时期分为三类工人：第一类工人要做大量的准备工作，包括裁剪鞋面和鞋底、缝制鞋面、制作扣眼以及装配鞋眼和纽扣；第二类工人主要是制鞋，分为装配工和精修工；第三类工人负责修剪鞋子、准备鞋盒，以及蒸汽机和轮船运输的交通问题。

对于这些工人的收入而言，男性平均每天工资约为3法郎，女性则为2法郎。在制造过程中，负责缝纫工作的高技能工人每周收入可达20法郎；而其他技能较低的工人，即使付出更多的时间和精力，每周收入也不会超过10法郎。在家的工人不仅要工作，还要兼顾家务。因此，他们并不像工厂里的工人那样做事高效。

第一次世界大战导致了罗马经济的衰退，于是他们不得不靠增加产量来满足军队需求。与此同时，女性也逐渐代替开赴战争前线的男性，开始展示她们在手工技巧方面的适应能力。在一些做工熟练且具有冒险精神的工人推动下，很多小型企业应运而生，有时还会有巡回销售代表给予帮助，一些人负责车间管理，另一些人则负责销售。

1920 年，许多企业还像家庭作坊一样，仍然以传统手工而非工业公司的方式运营。即便这样，罗马的工人们也始终坚持生产高质量产品。像天狼星、巴迪、威尔和巴纳松这样的公司，它们不仅享有盛誉，而且知道如何将鞋类产品打造成真正的时尚品牌。但最具代表性的罗马工厂却是一位猪肉屠夫创建的，他的地位和名誉也随之上升。

1895 年，21 岁的约瑟夫·费内斯特利尔（Joseph Fenestrier）在火车站附近买了一家小型橡胶靴厂。由于他还是该行业的新手，因此，他与他人合作。这家工厂以手工生产方式为基础，尽管商业环境不利，但每天仍能生产 80 双鞋子。

从 1890 年到 1901 年，工业部门逐渐放缓，在此期间有许多工厂倒闭。但从 1901 年开始，由于场地有限，约瑟夫·费内斯特利尔就在甘贝塔大道建造了一家新的工厂，而且它在未来扩展的可能性极大。他还提出了一些全新的专业理念，决定制定价格昂贵的男鞋，这一理念将成为他未来发展方向的基础。为此，他还引入了一项新的组装技术——固特异缝法。为了运用这一技术，他安装了一台最具现代化的机器，这台机器是从美国一家信托公司——联合鞋业机械公司租赁的。虽然约瑟夫·费内斯特利尔充分认识到当地有大量技术熟练的劳动力，但他还是决定冒险采用机械化生产。1904 年，他在法国开展了鞋类历史上首次广告宣传活动，宣传语如下：

——精益求精的现代鞋履。
——品位高雅的美国时尚。
——费内斯特利尔的高级鞋履。

尤尼克品牌成立于 1907 年，标志着约瑟夫·费内斯特利尔的事业达到了顶峰。一块 6 平方米的广告海报展示了 6 人穿着尤尼克品牌的腿部形象，将这一著名品牌推向了辉煌的巅峰。随后，1910 年，尤尼克在布鲁塞尔世界博览会上赢得了真正的胜利，并摘得大奖。约瑟夫·费内斯特利尔提出了以下座右铭："十年之内，变强十倍，规模扩大十倍。"

上图　尤尼克品牌 1910 年的广告，现藏于罗马国际鞋履博物馆。

　　布鲁塞尔世界博览会结束后不久，这家工厂每天生产的鞋子已经超过 500 双。除此之外，他们还扩建了工厂。费内斯特利尔在巴黎设立独立的销售部门，并于 1912 年推出基于强制价格的销售系统，他还通过智能广告让更多顾客成为尤尼克品牌的忠实粉丝。这一时期，该公司在所有国际销售展览中表现得尤为出色。尤尼克在世界博览会上赢得了最高奖项，1910 年至 1914 年获得的奖项也是连连不断：1911 年（都灵）、1912 年（伦敦）、1913 年（根特）和 1914 年（里昂）。尤尼克品牌还是 1915 年旧金山世界博览会的评委会成员（非竞赛性质）。该品牌扩展到了整个欧洲大陆、俄罗斯、埃及以及中东地区。

　　就像法国的城市一样，德国、比利时、意大利和瑞士的主要城市都开有一家尤尼克店。创始人费内斯特利尔于 1916 年不幸去世，享年 42 岁。公司由他的妻子接手管理。1917 年，一场火灾摧毁了工厂。由于罗马的工厂要进行重建，所以在那之前，她在圣马塞兰又开了一家工厂，以便继续生产。

上图　罗伯特·克雷哲里为 1998 年春夏季设计的一款凉鞋，现藏于罗马国际鞋履博物馆。

1922 年，这对夫妇的儿子约瑟夫·埃米尔 – 让·费内斯特里尔（Joseph Emile-Jean Fenestrier）继承了家族生意。1926 年，两家工厂共计 800 名工人，每天能生产 1200 双鞋。

那些还没采取保护主义政策的国家，比如澳大利亚、荷兰、印度和远东地区，出口销售呈现增长态势。除了销售增加之外，该公司还开展了一系列国内的社会项目：互济会、为有两个以上子女的家庭提供津贴、建造儿童游乐场和运动场地。他们的工厂拥有一支设备齐全的自主消防分队，有时还会增强该城市的消防力量。该公司还设有自己的维修部门，配有各式备件和木工车间等。

设计与测试部门负责推出新款鞋子：1930 年，推出了第一批女性运动鞋。费内斯特利尔曾经考虑过制作路易十五风格的鞋子，但出于技术原因放弃了这个想法。

尤尼克品牌邀请了一些最优秀的艺术家和工匠参与广告制作，其中包括卡佩罗、卡山德、劳雷·阿尔班·吉约和范莫佩斯。该公司的座右铭体现了对顾客的保证："独一无二"。1938 年，一款名为"新绉绸"的鞋子问世了，男女皆可穿。这款鞋取得了巨大的成功，并畅销了 30 年。

第二次世界大战期间，设计师和技术人员凭借他们的心灵手巧制造了"便携式"鞋子，由木头、毛毡和酒椰制成。1945 年，约瑟夫·埃米尔 – 让·费内斯特里尔被任命为法国鞋业全国联合会的主席。他逝世于 1961 年。他死后该公司仍正常运营，1967 年与天狼星之家合并。

1969 年，安德烈集团收购了尤尼克品牌，将其改成罗马鞋业协会。罗伯特·克雷哲里于 1977 年接任该公司主管，使其焕发新的生机。

罗伯特·克雷哲里毕业于欧洲高等商学院，并从政府部门转行到鞋业。1971 年，他接管了泽维尔·达诺（查尔斯·卓丹的子公司）的管理职务，在与罗兰·卓丹共事期间积累了丰富的经验。克雷哲里仍然采用固特异缝法来制作男鞋，并以约瑟夫·费内斯特利尔的名义进行销售，还推出了短靴和靴子系列。与此同时，他还通过对鞋履的大小和鞋跟的研究，创造出更加精致的鞋款。他制作的鞋子如同雕塑一般，是优雅女士的重要配饰。在这一设计理念中，克雷哲里始终记得安德烈·佩鲁贾说的那句话："年轻人，请永远不要忘记，虽然人可以撑起一件衣服，但鞋子却在撑起你，这便是问题所在。"

罗伯特·克雷哲里设计品牌通过新闻公关扩大了国际影响力。他与女装设计师开展合作，并为蒂埃里·穆勒、安娜·玛丽娅·贝雷塔、尚塔尔·托马斯和山本耀司等人设计过鞋款。克雷哲里曾凭借自身才华荣获过三次美国纽约时尚鞋业协会最佳设计师奖。从1981年到2002年，法国和世界各地开了许多罗伯特·克雷哲里品牌时装店：1981年，罗伯特·克雷哲里在巴黎切尔切米迪街5号开了第一家时装店；1982年，他又在胜利广场开了一家店（这是成功产品的象征性位置）；除此之外，罗伯特·克雷哲里于2001年还在东京、纽约、马德里、伦敦、布鲁塞尔、洛杉矶及芝加哥开了店。

罗伯特·克雷哲里为1998年春夏季设计的淡紫色缎面高跟鞋，现藏于罗马国际鞋履博物馆。

上图　具有诱惑力的女士浅口鞋，创作于 1954 年，现藏于罗马国际鞋履博物馆。

下页图　"塞杜塔"标志，源自一则 1949 年的广告。

查尔斯·卓丹：从罗马科特·马塞尔工坊到纽约帝国大厦

查尔斯·卓丹毫无疑问是制鞋界最杰出的人物之一。他于 1917 年开创了自己的辉煌事业，当时他已经 34 岁。作为格勒尼耶制衣厂的裁剪车间主管，他并没有足够的资金来创办自己的业务。工作结束后，卓丹回到自己在科特·马塞尔的小作坊里制作女鞋，他的妻子奥古斯塔（Augusta）和两位同事一直帮他忙到深夜。这些夜间创作的鞋履已堪称卓丹品质的代名词。

第一次世界大战后，卓丹的客户逐渐增多，足以让他离开雇主在一间更大的工作室与十名工人一起创业。作为一名工匠，他的勤奋付出得到了大批订单的回报。1921 年，他将工坊搬迁到伏尔泰大街，还雇了 30 名工人。

到了 1928 年，该企业已经发展壮大，规模超过了原有的小型工厂，并建造了几栋新建筑。20 世纪 30 年代，卓丹通过部署"官方销售代表"扩大了产品在法国的分销范围。他还推出了自己的新品牌"塞杜塔"，并在《画报》周刊进行了广泛宣传。这一品牌名称源自卓丹的想象，取自法语中的"诱惑"一词。该品牌标志是一只母鹿，它是一种拥有鹿皮和雄鹿鹿角的合成动物。鞋底和鞋盒上便能看到这只动物的图案，它象征着人们穿上鞋履所展现的优雅美丽，突显了母鹿轻盈的特质。

这个隐喻在《圣经·撒母耳记》的第二卷中可以找到，大卫在《感恩诗篇》中向上帝称颂："神是我坚固的保障。他引导完全人行他的路。他使我的脚快如母鹿的蹄，又使我在高处安稳。"该比喻在公元 7 世纪的佛教传说"帕德玛瓦蒂"中也有体现。她是婆罗门和一只母鹿的女儿，生来脚上便长有鹿蹄，并且鹿蹄有丝绸包裹起来。饶有趣味的是，从古代文明时期到公元 1 世纪，人们常常将脚部的美丽和轻盈与母鹿相比。对我们而言，与《圣经》和佛教的联系衬托了卓丹设计迷人高跟鞋的精湛技艺，这可是女性诱惑的象征性配饰。

纽约股市崩盘给 20 世纪 30 年代蒙上了一层阴影。巴黎高级时装也受到全球经济危机的沉重打击，卓丹品牌也未能幸免。尽管如此，他还是创建了两个子品牌"女人花"和"品质保证"来积极应对危机。当时，品牌有 300 名工人，总共才制造了 400 双鞋子。

第二次世界大战爆发时，由于皮革短缺，像卓丹这样的制造商不得不改用毛毡、酒椰叶纤维、橡胶、木材和纸板等替代材料。1945 年之后，卓丹在三个儿子勒内（René）、查尔斯和罗兰的帮助下扩大了公司规模，此后该公司员工达到 1200 名。1948 年，卓丹品牌每天都能生产 900 双鞋子。

1950 年，罗兰开始进军美国市场，在纽约帝国大厦开设了销售办事处。1957 年，第一家查尔斯·卓丹时装店在巴黎马德莱娜大道开业，店铺门前立刻熙熙攘攘，销售人员便不得不向排队等候的顾客发放带编号的入场券。这一非凡的成功为建立查尔斯·卓丹国际连锁精品店奠定了基础。

查尔斯·卓丹与克里斯汀·迪奥签署授权协议时，该品牌的知名度达到了巅峰。20 世纪 60 年代，该品牌开始国际化，分别在伦敦、慕尼黑、纽约、洛杉矶、迈阿密和东京开设了分店。查尔斯·卓丹还拍了一系列宣传广告，照片是由盖·伯丁（Guy Bourdin）拍摄的。他改变了广告的艺术形式，因为他不再把鞋子当成主角，而是将其置于奇特甚至超现实的情境中进行展示。

1971 年，罗兰·卓丹被任命为该集团主席，而他的兄弟们却出售了自己的股份。1980 年，卡尔·拉格斐（Karl Lagerfeld）委托罗兰生产鞋子。同年，"塞杜塔"品牌卷土重来。1981 年，罗兰卸任后，瑞士集团的弗兰茨·沃斯默（Frantz Wasmer）接任了该职位。20 世纪 90 年代，查尔斯·卓丹推出了"查尔斯·卓丹回归"男女系列，并与设计师米歇尔·佩里和克劳德·蒙塔纳（Claude Montana）合作。

在埃米尔·梅西尔（Emile Mercier）掌舵，埃尔韦·拉辛（Hervé Racine）担任首席执行官的情况下，查尔斯·卓丹品牌在巴黎和全球范围内继续光芒闪耀。该品牌在全球的声誉基于以下几个方面：第一，它拥有卓越的专业知识并能有效满足市场需求的生产系统；第二，他们的营销传播与时尚设计师设定的趋势保持同步；第三，实力雄厚，即他们以查尔斯·卓丹品牌的名义运营了 70 家精品店网络以及 1000 多家忠实的零售商。但最重要的是，该公司继续秉持创始人查尔斯·卓丹的创新精神，为客户提供源源不断的新品。

上图　查尔斯·卓丹在工厂车间。

下页图　2002 年，帕特里克·考克斯
（Patrick Cox）为英国女王伊丽莎白二世
的金禧庆典创作的晚宴鞋，限定制作了
50 双。此为帕特里克·考克斯赠送，现
藏于罗马国际鞋履博物馆。

下图　斯蒂芬·凯利安为 1994 年冬季
设计的手工编织靴，1998 年冬季设计
的手工编织鞋、手工编织凉鞋，现藏于
罗马国际鞋履博物馆。

斯蒂芬·凯利安：高雅手工编织专家

1920 年，罗马有 120 家工厂。许多在两次世界大战期间蓬勃发展的公司在过去几年逐渐消失了，但其他公司却如雨后春笋般涌现，比如由乔治和杰拉德兄弟于 1960 年创立的凯利安公司，专门生产男鞋。两位创始人的兄弟斯蒂芬于 1978 年推出了斯蒂芬·凯利安品牌的第一款女鞋系列。作为优雅编织风格的天才专家，他们的鞋类产品以卓越的质量迅速赢得了国际声誉。自 1985 年上市以来，该公司在罗马和佩阿日堡拥有两家工厂和 400 名员工。

让·特希林吉里安：传统与技艺

亚美尼亚的移民莱昂·特希林吉里安（Léon Tchilinguirian）在 1945 年开设自己的作坊之前，曾在罗马的鞋厂工作。1955 年，他的儿子让·特希林吉里安（Jean Tchilinguirian）加入了家族企业，其中还包括他的两个兄弟和一个姐姐。这家小型工厂结合了传统手艺与专业知识。

此外，包括阿涅斯公司在内的几位大型成衣设计商都迫不及待将部分产品委托给这家小公司，因为它在该行业中的地位显赫。如今，让·特希林吉里安以自己的品牌"特克林"设计生产鞋款，并在自己的罗马时装店里销售。

跨页图　斯蒂芬·凯利安为 2001 年夏季设计的凉鞋，现藏于罗马国际鞋履博物馆。

约翰·洛布

约翰·洛布（John Lobb）于 1849 年创立了公司，总部位于伦敦的圣詹姆斯街。在维多利亚时代，这位定制鞋匠在国际展览会上赢得了最高荣誉。

1901 年，约翰·洛布成立了巴黎分部。这家公司至今仍是一家家族企业。他们的定制鞋都是手工缝制的，为了追求卓越的品质，制作时间可能长达六个月。

洛布主要面对的是富有的男性顾客，为他们制作高尔夫鞋、牛津鞋和便鞋。

这家家族企业是伊丽莎白二世女王、爱丁堡王子和威尔士亲王的官方供应商，有着良好的传统和品质。

跨页图　约翰·洛布设计的鞋子，现藏于奥芬巴赫皮革博物馆。

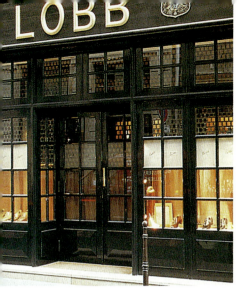

左图　约翰·洛布的店铺，位于巴黎法兹堂大道 24 号。　右图　约翰·洛布的店铺，位于伦敦圣詹姆斯街 9 号。

韦斯顿

20 世纪初，布朗夏公司在利摩日生产昂贵的男鞋。欧仁·布朗夏（Eugène Blanchard）于 1904 年前往美国学习固特异缝法和其他美国缝制技术。他的目标是将新学到的缝制技术应用于利摩日的鞋业中，直到 1918 年战争结束后，这一目标才得以实现。1926 年，布朗夏迈出了重要一步：他基于定制鞋履制作的技术和理念推出了韦斯顿品牌。与此同时，许多由机器完成的鞋履任务重新回到了手工制作，并向顾客提供了五种不同宽度的鞋履款式。

此后，鞋履制造方法的改变限制了产量，从一天生产 600 双减少到 60 双。这便是该品牌至今依然声名显赫的原因。

由于其英国特色，该品牌迅速获得成功：第一家韦斯顿店铺位于巴黎库尔塞勒大道 98 号，第二家店于 1932 年在香榭丽舍大道 114 号开业。

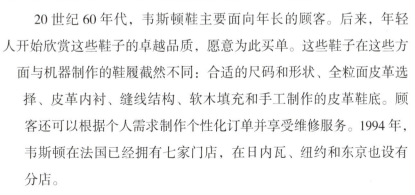

20 世纪 60 年代，韦斯顿鞋主要面向年长的顾客。后来，年轻人开始欣赏这些鞋子的卓越品质，愿意为此买单。这些鞋子在这些方面与机器制作的鞋履截然不同：合适的尺码和形状、全粒面皮革选择、皮革内衬、缝线结构、软木填充和手工制作的皮革鞋底。顾客还可以根据个人需求制作个性化订单并享受维修服务。1994 年，韦斯顿在法国已经拥有七家门店，在日内瓦、纽约和东京也设有分店。

宝宝波特婴儿短靴

1949 年，位于巴黎的柏戈恩公司推出了一款名为"宝宝波特"的革命性产品，成为婴儿鞋领域的专家。该公司为摩纳哥卡洛琳公主以及法国儿童电影《神奇的旋转木马》中的女主角玛戈特制作了这款鞋子。

该公司凭借先进的制鞋技术而闻名，这些产品是与儿科医生和手足病学家密切合作设计的。大约在 1954 年，该公司发明了后护板，为婴儿的脚踝提供了更好的支撑。1959 年，他们创立"白狼"鞋这一儿童医疗品牌，并开始生产和销售。自 2000 年夏季，他们与凯卓签订许可协议以来，开始制造和研发"凯卓丛林"系列儿童鞋。

庞贝工作室：专注舞台和银幕的鞋匠

1912 年，欧内斯托·庞贝（Ernesto Pompeï）出生于意大利马尔凯大区的中部小城费尔莫，那里是熟练皮革工匠的聚集地，因此他从小就接受了鞋业领域的专业培训。1930 年，他离开故乡前往首都罗马，成为罗马剧院的鞋匠，专门制作舞台鞋。此后，欧内斯托的职业生涯便开启了新的方向。

1932 年，他与兄弟路易吉（Luigi）在罗马圣玛利亚大教堂附近的加富尔

上图　婴儿短靴，1954 年。

下图　莫妮卡·贝鲁奇（Monica Belluci）在电影《埃及艳后的任务》中穿过的鞋子，这些鞋子于 2001 年由庞贝工作室制作。

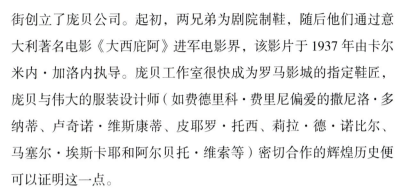

街创立了庞贝公司。起初，两兄弟为剧院制鞋，随后他们通过意大利著名电影《大西庇阿》进军电影界，该影片于1937年由卡尔米内·加洛内执导。庞贝工作室很快成为罗马影城的指定鞋匠，庞贝与伟大的服装设计师（如费德里科·费里尼偏爱的撒尼洛·多纳蒂、卢奇诺·维斯康蒂、皮耶罗·托西、莉拉·德·诺比尔、马塞尔·埃斯卡耶和阿尔贝托·维索等）密切合作的辉煌历史便可以证明这一点。

1938年，欧内斯托的儿子卡洛（Carlo）在罗马出生。作为罗马政治科学大学的毕业生，当时没人想到他会进入家族企业。不过，他对戏剧很是喜爱，1963年到1970年间当过助理电影导演，还参与了奥托·普雷明格的《红衣主教》等美国电影的制作。1971年，卡洛加入了庞贝工作室，与父亲合作密切，直至1973年父亲去世。

1974年到1990年期间，该公司逐渐壮大，并在伦敦、布鲁塞尔和美国建立了分支机构。1988年，庞贝公司收购了加尔文公司（位于巴黎第三区的梅莱街），后者曾为巴黎娱乐界的各方人物工作，这一收购带来了新的发展：从那时起新公司被称为"庞贝－加尔文"，于1993年迁至第四区的布尔登大道。

对于剧院、歌剧和电影，庞贝的设计风格从最简单到最奢华，从古罗马到凡尔赛宫。

这些设计都需要与才华横溢且要求严苛的服装设计师合作。作为舞台和银幕的鞋匠，卡洛·庞贝于1995年获得了戏剧工艺鼓励奖和慕尼黑艺术匠人金牌。这些荣誉奖项肯定了卡洛作为鞋匠的专业精神和对传统工艺的保护。这些品质与制作城市鞋的鞋匠一样：两者都注重历史准确性。值得注意的是，人们对制鞋给予了非同寻常的关注，而这种鞋只需要给人特定年代的时尚错觉。然而，遗憾的是，脚部的形态已经发生了变化。人们的脚变得又长又大，无法再穿上路易十六时代的短鞋，也不能穿18世纪初的尖头踝靴。不过，我们仍然可以通过降低鞋跟高度、改变鞋面形状、缩短靴筒长度等方式进行调整，而不必改变鞋子的外观。

除了关注历史准确性，卡洛·庞贝还十分关心演员双脚的舒适度。一些名人受到了特殊待遇：可以拥有定制鞋履，其中卡洛·庞贝曾试图保留几双供自己收藏。有时，电影、音乐剧或戏剧演出所需的鞋子会从现有的库存中挑选，并根据需要进行改装。借出的鞋子使用之后会归还给工作室，然后根据时代和风格进行管理。工作室总共有近80万双鞋子。在重新使用之前，这些鞋子会进行"焕新"，如果需要会重新染色，并且始终配备符合庞贝"清洁第一"要求的内垫。如果需要提供数百双鞋子，实际上并不逐一试穿，而是根据服装制作者提供的尺寸进行选择。有时制作公司会保留鞋子和服装的所有权。谁又知道演员保留他们的鞋子到底是出于个人情感、纪念物，还是单纯的收藏兴趣呢？

卡洛·庞贝在巴黎的工作室主要用于接待顾客、保存和制作鞋履。向卡洛·庞贝咨询的顾客以个人为主，最常见的便是服装设计师或剧院艺术家，庞贝会满足顾客提出的各种要求。制作鞋子往往需要快速完成，如果巴黎工作室忙不过来，罗马工作室会协助分担工作。此外，卡洛·庞贝还在伦敦、布鲁塞尔和阿维尼翁设有工作室，并为艾克斯、奥朗日和马赛的歌剧提供过鞋子。

许多著名演员都很信任这位鞋匠的制鞋技术。卡洛·庞贝还为以下表演艺术公

跨页图　安妮塔·艾克伯格（Anita Ekberg）1960年在费德里科·费里尼导演的电影《甜蜜的生活》中穿过的鞋子，由庞贝工作室制作，现藏于罗马国际鞋履博物馆。

司制作过鞋子：巴黎歌剧院、巴士底歌剧院、法国喜剧院和米兰斯卡拉歌剧院。
除此之外，巴黎和法国其他地方（里昂、马赛、图卢兹、南锡、蒙彼利埃、兰斯、
梅斯、雷恩、利摩日、图尔、昂热和维尔班等）的剧院和歌剧公司，甚至其他欧
美的剧院和歌剧公司也会寻求他的制鞋服务。

　　最后，卡洛·庞贝的活动中还有一件值得提起的事情：他还为时装秀制作过
鞋履，包括蒂埃里·穆勒的秀场。

庞贝为电影群演设计的鞋子。

左图　托德制鞋厂的厚底便鞋制作工具。

右图　托德制鞋厂脚踏软皮鞋的制造过程。

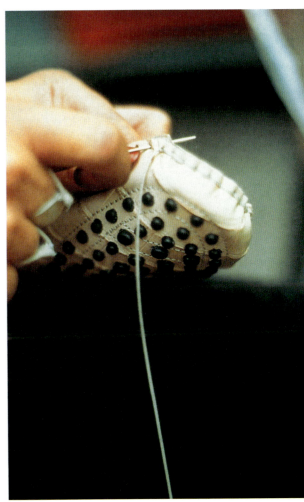

左、右图　托德制鞋厂的厚底便鞋制作过程。

上图　长颈鹿鞋和斑马皮鞋采用小山羊皮和天鹅绒制成，整个过程均由手工绘制完成。鞋跟采用经雕刻的木材，并覆盖动物皮革，以模仿长颈鹿和斑马的后腿。该鞋由斯蒂芬·库韦·博奈尔（Stéphane Couvé Bonnaire）创作，于 1995 年获得了全国鞋业协会风格局组织的细高跟鞋类别比赛的冠军，现藏于罗马国际鞋履博物馆。

左、上图　豹纹鞋和鞋罩。

上图 "踢球者"牌儿童靴，制作于 1971 年，现藏于罗马国际鞋履博物馆。

下图 装饰有雏菊花的儿童拖鞋，合成鞋底，制作于2002 年夏季。现藏于罗马国际鞋履博物馆。

米迪克展览会：国际鞋履时装展

巴黎米迪克时尚鞋履展是一场专注于鞋履的时尚展览，于每年3月和9月在凡尔赛门举行。由法国名为"鞋履、皮具、皮革设计办公室"的行业团体创立。米迪克展览会在名为"幻想"的空间内展示年轻国际设计师的系列作品。此外，该展还举办了一年一度的"风格练习"比赛，旨在培养新兴时装设计师的才华，提供新的未来发展方向。

水晶高跟鞋

自1999年起，《每周皮革》和《鞋》杂志联合专业赞助商合作举办"水晶高跟鞋"活动，目的是为了奖励那些有创意和原创性的人，他们在形象设计、技术、性能、传播和分销等领域寻找鞋履创新。这一活动不但推动了鞋履行业的发展，还有助于加强行业内的合作。

上图 "鸦片"拖鞋，灵感来自金三角阿卡部落的服饰，装饰有回收的古柯和丛林种子，带有6厘米的钢制鞋跟，皮革材质，巴黎"特里基特里克萨"品牌。

下页图 "加尔"鸡羽毛装饰的细跟凉鞋，6厘米钢制鞋跟，巴黎"特里基特里克萨"品牌。

法国皮革皮具和鞋类行业跨行业发展委员会资助

法国皮革皮具和鞋类行业跨行业发展委员会也对鞋履创新予以嘉奖。每年，该委员会挑选出最有创造力的皮革配饰设计师，向他颁发法国时尚艺术协会的资助。欧洲鞋履设计大奖由圣克利斯平协会颁发，目的是激发人们的创造力。该奖项旨在发现和推广鞋履和时尚设计领域的年轻人才。年轻申请者被要求设计一款以特定主题为题材的时尚作品。由评审团选出的 20 位决赛选手会根据他们的设计制作原型。5 名获奖者在纪念鞋匠的主保圣人圣克利斯平的庆典期间荣获表彰，所有参赛者的作品都将在罗马国际鞋履博物馆展出。这项竞赛由在罗马的企业查尔斯·卓丹、罗伯特·克雷哲里和斯蒂芬·凯利安公司共同主办，得到了法国国家皮革委员会、法国皮革皮具和鞋类行业跨行业发展委员会以及法国皮革鞋类和皮具技术中心的支持。罗马市政府和国际鞋履博物馆共同举办了该活动。法国作为前卫艺术的发源地，通过颁发奖项，让许多如今在国际上得到认可的人才获得了崭露头角的机会。这些奖项都让鞋业得以朝着正确的方向发展，应该对此进行传承并加以赞赏。

上页图 "看过来"
鞋,夏季2002款。

上图 配有雉鸡羽
毛的"玫瑰花饰"
凉鞋,巴黎"特里
基特里克萨"品牌。

下图 托德制鞋厂
制作的"双T"鞋,
2003年春夏。

跨页图 由萨拉·纳瓦罗
（Sara Navarro）设计的鞋款。
夏季 2002 款。

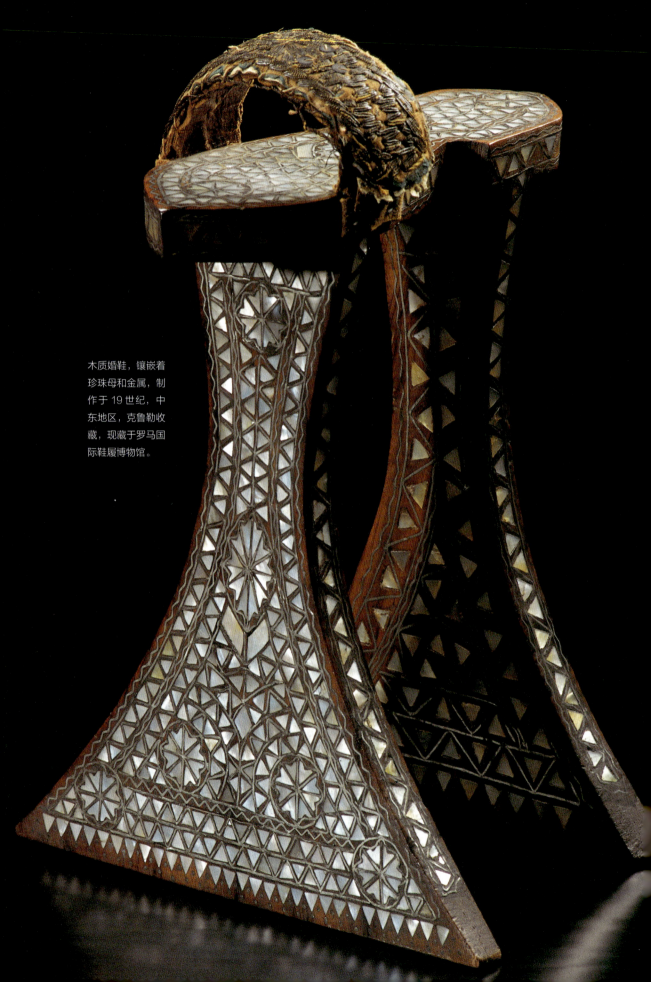

木质婚鞋，镶嵌着
珍珠母和金属，制
作于 19 世纪，中
东地区，克鲁勒收
藏，现藏于罗马国
际鞋履博物馆。

第2章
世界各地的鞋子

奥斯曼帝国

热爱旅行的让－艾蒂安·利奥塔尔（Jean-Etienne Liotard）于1738年前往君士坦丁堡。他精心观察并用绘画记录了遇到的人与物，因此被誉为启蒙时代的"土耳其画家"。在第192页这幅几乎跟照片一样细致的画作中，可以准确地看到女人穿着木屐。同时请注意，画中描绘的奴隶除了木屐没有穿其他鞋，脚部只能涂上海娜粉来充当鞋子，与女主人形成了鲜明的对比。

在土耳其和许多其他东方国家，常常可见妇女在浴室内穿着不同高度的木屐，它由木头制成，嵌有珍珠母或象牙，并镶有银饰；鞋带上镶有丰富的银线和金线刺绣。这些木屐展现出这些国家奢华装饰的多样性。正如让－保罗·鲁所强调的那样，这些鞋子上的镶嵌装饰与家具门窗的装饰、穆斯林讲坛上的装饰非常相似。

19世纪初，奥斯曼帝国成为世界上最大的帝国之一，囊括了整个巴尔干半岛、从西亚到波斯的全部地区、非洲、埃及、的黎波里塔尼亚，以及阿尔及利亚和突尼斯的大片地区。奥斯曼帝国处于三大洲的交汇处，在地中海和印度洋之间，占

据了关键的地理位置。在这片广阔的地理区域，各种装饰风格有时会相互交融，这种融合表现在不同国家的鞋履装饰中。

在一些东方国家，妇女只有在婚礼那天会享有"崇高"的地位。为了提醒她们比丈夫优越，新娘会穿着诸如高跷式木套鞋，但第二天，她们就必须脱去套鞋。另一方面，女性主导家庭，门口会放一双男性的平底拖鞋，用于禁止其他男人进入。

上图 让－艾蒂安·利奥塔尔的画作《土耳其妇女与奴隶》，创作于 18 世纪，现藏于日内瓦艺术史博物馆。

波斯

公元前 323 年亚历山大大帝去世后，伊朗文化进入了休眠期。萨珊帝国和拜占庭帝国的崩溃为伊斯兰教的崛起铺平了道路。

在萨法维王朝（1501—1736 年）的黄金时代，波斯依然让西方旅行者惊叹不已。据宣称曾到过那里的西方旅行者讲述，即使穷人也衣着光鲜，手脚和脖子上都戴着银饰品。

东方国家的鞋履与逐渐希腊化的西方鞋履有所不同，它在形式上具有延续性，即装饰元素从一个世纪延续到下一个世纪。例如，公元 17 世纪至 19 世纪的波斯礼仪靴展示了与公元前 7 世纪亚述国王亚述巴尼拔所穿衣物上相同的风格化花卉图案。这些图案在亚述巴尼拔宫殿的一幅名为"国王杀狮"的叙事浮雕上可以看见，该浮雕如今陈列在伦敦大英博物馆。

左图　这幅波斯绘画作品出自《尼兹加米的五首诗》第 100 页，创作于 1620—1624 年。画面描述了库思老在狩猎期间举办的一场招待会。

右图　米赫尔·阿里创作的布面油画《法塔赫·阿里沙的肖像》，创作于 1805 年左右的伊朗。

另一个展现延续性的重要例子则是 16 世纪的尖头高跟鞋（现藏于罗马国际鞋履博物馆）与波斯皇帝法塔赫·阿里沙于 1805 年左右的肖像中所穿的木屐（现藏于巴黎卢浮宫）极为相似。这些鞋子与图案丰富的袜子搭配，袜子上刺绣有金色图案，这些图案以亚述国王亚述巴尼拔服饰上的图案为基础。

据让－保罗·鲁所言，平底拖鞋是东方男性常穿的一种没有鞋后跟的拖鞋，可能源于伊朗。波斯语"papoutch"一词来源于"pa"（足）和"pouchiden"（覆盖）两个词。这种鞋履特别适合伊斯兰教的风俗习惯，即在进入清真寺或私人住宅之前要脱鞋。

上图 男士鞋子，由黑色仿旧皮革制成，翘起尖趾，铆钉鞋底，爪形后跟，制作于 15—16 世纪的波斯，现藏于罗马国际鞋履博物馆。

下图 骑士靴，带钢尖，爪形后跟，制作于 17 世纪的波斯，现藏于罗马国际鞋履博物馆。

左图　木质凉鞋，制作于19世纪的印度，中世纪国家博物馆藏品，出自巴黎克吕尼温泉浴场，分配给罗马国际鞋类博物馆。

右图　苦行僧的凉鞋，出自印度，现藏于罗马国际鞋履博物馆。

印度

大约公元前2500—前2000年，印度河流域孕育了一个伟大的文明。在哈拉帕（今旁遮普邦）和摩亨佐达罗（今信德省）的挖掘中，出土了与阿卡德国王萨尔贡统治时期同期的印章，这证明了在佛教出现之前，印度和苏美尔城镇之间就存在文化联系。那么这是否意味着传统的尖头鞋起源于印度呢？这个问题仍是个未解之谜。然而，我们知道在美索不达米亚和印度，只有国王才有特权穿饰有毛球的尖头鞋。

古印度文献中经常提到鞋子，但很少有印度的鞋子图像，可能是因为叙事浮雕、立像和壁画的下部经常受到磨损。此外，通常图像展示的场合中，人们不需要穿鞋，或不允许穿鞋。印度与许多亚洲国家一样，禁止在私人住宅、宫殿或寺庙内穿着鞋子。

《罗摩衍那》的传奇作者瓦尔米基讲述了这样一个故事，罗摩王（印度神话中毗湿奴的化身之一）被流放到森林，然后用镶有金子的鞋履在都城代表他。在他离开的这三年里，这双鞋便象征他的权力。他的摄政兄弟宣布的所有决策都必须在这双鞋子面前宣告。佛教版本的故事在这一主题上还补充了一个细节：如果在国王鞋子面前宣布的决定是公正的，鞋子将静止不动，但如果决定是违法的，鞋子便会抗议地"站立"起来。

国王在首都外游行时，他的仆人手持皇家凉鞋站在前面，这些凉鞋是国王的象征。佛教的艺术描绘也证实了这一点，特别是桑吉大佛塔。传统印度鞋履的材料因不同的历史时期和地区而异。编篮匠会采用灯芯草、枣椰叶和莲叶制作凉鞋。

在印度北部，国王、贵族武士、猎人和马夫穿着用牛皮和羊皮制成的靴子和凉鞋。

祭司婆罗门种姓认为皮革是不洁的，因此他们穿着木制凉鞋。根据文献记载，凉鞋的颜色多种多样，有蓝色、黄色、红色、棕色、黑色、橙色和栗色，甚至还有"多彩"的凉鞋。

靴子有时会用带子系紧，里面有棉质衬里，同样有多种颜色可选。靴子是尖头的，饰有羊角和蝎子尾巴，甚至可以缝上孔雀羽毛。为了防止佛教僧侣对这些新奇的鞋履心生欲望，宗教文本中明确规定僧侣不得穿着此类鞋子。而僧侣只能穿带有简单鞋底的鞋子或作为供品接受的旧鞋。

印度人经常赤脚行走，这一古老的印度教传统代代相传，从而抑制了创新。

男人、女人和儿童会穿一种尖头露跟的皮质拖鞋。这种鞋子通常装饰华丽，展现了印度人对装饰的偏好。最后，伊斯兰教在印度的影响也触及了鞋类，在某些装饰图案中，我们可以清楚地看到具有土耳其和波斯风格的装饰元素。

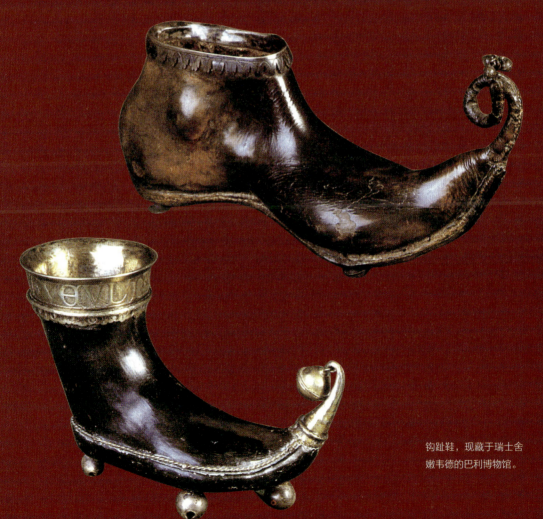

钩趾鞋，现藏于瑞士舍
嫩韦德的巴利博物馆。

北美洲

北美印第安人的传统鞋子是莫卡辛鞋。莫卡辛软帮鞋通常由一至两片动物皮革制成，附有鞋底。女人们负责皮革的鞣制以及莫卡辛的制作。印第安妇女会使用水牛、大角羚羊、鹿和麋鹿的兽皮，并在鞣制过程中加入水牛的脑浆。水牛的兽皮用来制作圆锥形帐篷和莫卡辛的鞋面和鞋底。男人、女人和儿童都穿着莫卡辛软帮鞋。

上图 海豹皮童靴。制作于19世纪的格陵兰。现藏于罗马国际鞋履博物馆。

15 世纪末，西班牙探险家将玻璃珠引入美洲，其中蓝色的珠子来自威尼斯。17 世纪起，捕兽者以珠子作为货币，同欧洲人进行交易。不同部落的印第安人在不同的时期先后舍弃了豪猪的长刺刺绣。约 1840 年，印第安人首次使用珠子装饰鞋子。由于颜色有限，装饰仅限于简单的几何图案。另外，妇女们会使用两种基本技术进行珠子刺绣：一是"懒人针法"，这是一个相对简单的方法，将预先串好珠子的筋线连接到软帮鞋上，设计自由；二是"重叠缝合"，这是一种需要高超手工技巧的方法，将线穿过珠子后再进行缝合。每个部落都有自己的象征性装饰，这与他们的信仰有关。

由于部落之间相互影响，很难直接分辨出它们各自的装饰风格。后来受到法国的影响，便开始采用花卉图案进行装饰。

上图　莫卡辛女鞋，装饰着独具风格的花朵，制作于 9 世纪的北美洲，中世纪国家博物馆藏品，出自巴黎克吕尼温泉浴场。

下图　由海豹和海象皮制成的男鞋，制作于 20 世纪初的阿拉斯加。

亨利二世·德·蒙莫朗西穿过的鞋子，鞋面饰有百合花图案，公爵的首字母缩写则刻在鞋盖上。制作于 17 世纪的法国，现藏于罗马国际鞋履博物馆。

蓬帕杜夫人穿过的鞋子，中世纪国家博物馆藏品，出自巴黎克吕尼温泉浴场，现藏于罗马国际鞋履博物馆。

第3章
名人之鞋

亨利二世·德·蒙莫朗西的鞋子

　　亨利二世·德·蒙莫朗西（Henry II de Montmorency）是阿内·德·蒙莫朗西（Anne de Montmorency）的孙子，后者是法国军队的最高指挥官、法国元帅、国王弗朗西斯一世和亨利二世的顾问。亨利二世·德·蒙莫朗西是这个名门望族的最后一位代表，也是国王亨利四世的侄子。他为家族积累了新的名誉：成为法国布列塔尼的海军上将，新法兰西总督，在他父亲1613年辞职后出任朗格多克总督。他在军事领域的卓越表现让他荣获法国元帅的权杖。但在加斯顿·德·奥尔良（Gaston d'Orléans）的怂恿下，他在朗格多克起兵反抗红衣主教黎塞留，兵败被囚禁在了卡斯特尔诺达里。蒙莫朗西遭到了被人称为"先生"的加斯顿·德·奥尔良抛弃，被判处死刑，于1632年在图卢兹被斩首。亨利二世·德·蒙莫朗西的皮鞋现藏于罗马国际鞋履博物馆，鞋履上刻有个人标记，鞋面饰有百合花标志，这足以证明17世纪上半叶便存在精湛的制鞋技艺。

蓬帕杜侯爵夫人的鞋子：路易十五时期高跟鞋的胜利

第 200 页这双黄色丝绸低跟鞋绣有银线，鞋头微微翘起，可惜鞋扣已经脱落了，鞋面还有些磨损。它是蓬帕杜夫人的遗产，她把鞋子留给了自己的贴身女仆。

法国画家弗朗索瓦·布歇于 1758 年绘制了蓬帕杜夫人的坐姿肖像，现藏于维多利亚与艾尔伯特博物馆，画中她双脚交叉，穿着一双新鞋，鞋面饰有带扣，可能是银质的。而在布歇为华莱士收藏创作的蓬帕杜夫人站立肖像中，她的右脚被黄色裙子遮住，但可以看到左脚穿着一只带扣的高跟鞋，这与罗马国际鞋履博物馆中的一件样品极为相似。蓬帕杜夫人的第三幅画也是布歇所画，目前由莫里斯·德·罗斯柴尔德收藏，画中突出了她华丽的粉色穆勒鞋。这款鞋子的尖头具有东方风格，鞋面饰有精致的花纹。鞋跟采用白色皮革制成，是典型的路易十五式高跟鞋。这款粉色的鞋子与蓬帕杜夫人绿色礼服上的粉红装饰形成了愉悦和谐的视觉呼应。康坦·德·拉图尔在粉彩肖像画中绘画了类似的粉色穆勒鞋，十分漂亮，但装饰更简单。该作品现藏于卢浮宫。

在另一幅肖像中，以优雅闻名的蓬帕杜夫人展示了自己的鞋子，也完美地呈现了路易十五时期流行的女鞋：带扣的鞋和穆勒鞋。如今，带有路易十五式高跟（仍是一个常用术语）的穆勒鞋依然很受欢迎。鞋业权威人士路易斯·拉玛（Louis Rama）编写了鞋类技术词典，其中对路易十五式高跟鞋作出如下定义："其特点是鞋跟偏高，采用凹凸设计，鞋喉由分割后延伸的鞋底覆盖，称为鞋跟'腹瓣'。"随着时间的推移，高跟鞋的制造方法和样式也在不断发生演变，但 18 世纪路易十五式高跟鞋的概念却一直没变。高跟鞋这个名字依然能让人回味无穷，一提到它便会联想到女人的气质。

玛丽·安托瓦内特的鞋子

　　1793 年 10 月 16 日，在巴黎革命广场的断头台底部发现了一只鞋，据说是玛丽·安托瓦内特王后的。当天，它便以一个金路易的价格卖给了格农－兰维尔（Guernon-Ranville）伯爵，随后它便成为一件文物。

　　鞋子内部贴有一段如同内底一般的手写铭文：

　　　　这是玛丽·安托瓦内特王后登上断头台那天所穿的鞋子。她去世之后，有人捡起了这只鞋，随即被格农－兰维尔男爵买下。

　　正如安德烈·卡斯特洛（André Castelot）在他关于玛丽·安托瓦内特的书中写道：

　　　　她匆忙爬上陡峭的阶梯（一名目击者虚张声势地说道），于是弄丢了一只紫红色的圣休伯特小鞋。

根据玛丽·安托瓦内特王后的贴身侍女罗莉莎·拉莫里埃（Rosalie Lamorlière）的描述，她的主人被执行死刑时穿着一款圣休伯特风格的鞋子，颜色为紫红色，由丝绸或皮革制成，鞋跟高为 2 英寸（约 6 厘米）。这种鞋履风格是以一位歌剧演员的名字命名的，对方是开创这一潮流的鼻祖。

亚尔斯本堂神父圣若翰 – 马里耶·维雅纳的鞋子

1786 年 5 月 8 日，圣若翰 – 马里耶·维雅纳（Saint-Jean-Marie Vianney）出生于里昂附近达尔迪利的一个普通农民家庭，是家里的第四个孩子。小时候，他和其他同龄的农家孩子一起放牧，凭借善良和虔诚在众多孩子中脱颖而出。后来他听到上帝召唤自己，便到修道院修行。他虽然差点因学习能力不足而被遣送回去，但最终还是在 29 岁时被任命为神父。

他被任命为亚尔斯的本堂神父。那是一个距离里昂 35 千米的小村庄，他在那里工作直至去世。人们从法国各地赶来，向维雅纳神父忏悔，聆听他讲解教义和布道，这些都是源于日常生活的例子。维雅纳每天都待在忏悔室里，一待就是 16 小时，每晚还会诵读《玫瑰经》。他在慈善与仁爱方面一直充满热情。他生活清贫，

右图　亚尔斯教区神父的鞋子，现藏于罗马国际鞋履博物馆。

每晚只睡 4 小时，吃着简单的饭菜，穿着缝有补丁的长袍，以最严格的方式进行修行。

圣若翰－马里耶·维雅纳像许多圣人那样与魔鬼进行了一场英勇的斗争。魔鬼使劲摇晃着他的大门，敲打家具，试图把他从床上扔下，甚至穿上他的鞋子，然后把它们撕成碎片。

一双私人收藏的简陋破旧皮鞋证实了这一点，因为我们从鞋匠撰写的文件中了解到："这是亚尔斯神父修补过的鞋子。正如他自己所说，它被魔鬼撕成七八块。1875 年 2 月 21 日，我在里昂可以证明这一点。"

这名为人谦逊的神职人员经常受到同僚的嘲笑。虽说他得到了晋升，但这并不是他所希望的。同样，拿破仑三世授予他荣誉军团勋章也违背了他的意愿。

1866 年，贝莱主教启动了基督教会法规的程序。1905 年，庇护十世教皇宣布将维雅纳视为尊者。1925 年，庇护十一世教皇又宣布他为圣人，并任命他为教区牧师的守护神。如今，这位谦卑的乡村神父已成为世界名人。1986 年 10 月 5 日，教皇约翰·保罗二世亲自访问亚尔斯，以此向圣若翰－马里耶·维雅纳表达敬意。

歌德的拖鞋

1816 年 12 月 25 日，玛丽安·德·威勒默（Marianne de Willemer）偷偷准备了一份圣诞礼物，打算送给她的朋友歌德。她给歌德的儿子奥古斯特写了两封信，署名为"小耶稣"，体现了她俏皮的处事风格。

我打算送给您父亲一双拖鞋。圣凯瑟琳和圣特蕾莎已经准备好帮忙啦，不过，她们必须确保尺码一定准确无误才行。所以，可以麻烦您父亲的鞋匠剪出一块大小形状完全相符的鞋面样板吗？再寄到法兰克福，我在那做生意。

如果鞋匠技艺不精，不会画图的话，您父亲不再穿的拖鞋也行。我会邀请圣克利斯平再制作一双新鞋，希望您能替我保密，不要向您父亲或其他任何人透露我的计划。

1816 年 12 月 20 日，她给奥古斯特寄了个包裹，并附上另一封信。信中写道："感谢您把我的事处理得这么好，我们的生日是同一天，也祝您生日快乐。小盒

跨页图 奥地利茜茜公主的短靴，制作于19世纪。现藏于奥芬巴赫皮革博物馆。

子预计在周一晚上或周二早上送达魏玛，到时就可以打开它啦。拖鞋和盒子里的小画册可以等到平安夜那天送给您父亲，然后再点几支蜡烛（因为灯光可以代表我）。"歌德在 1816 年 12 月 31 日给玛丽安·德·威勒默回信了。

诚然，今年小耶稣对我特别好，但他还是免不了闹了点小情绪。虽然男人必须亲吻教皇的拖鞋，因为上面带有十字架，还必须爱抚他所爱之人的脚，象征着他完全屈服于她的意愿。但令人难以置信的是，竟然有人使用魔法符号让一位体面之人崇敬自己的鞋子，迫使他陷入非同寻常的道德和生理扭曲之中。

这双著名拖鞋的鞋带上印有波斯文字，上面写着"苏莱卡"，后面还有玛丽安·德·威勒默的名字，这是诗人的灵感来源，激发他创作了《西东诗集》。这位文学大师对女性脚部和鞋类配饰的浓厚兴趣并非秘密。正如他写给一位女性朋友的信中所言："请尽快把你最后一双鞋子寄给我，这样我就能把你的东西贴在我心口。"

茜茜公主的鞋子

巴伐利亚公主伊丽莎白·冯·维特巴赫（Elisabeth von Wittelsbach）以名字茜茜而闻名，自从她与表兄、德意志皇帝弗朗茨·约瑟夫一世（Franz Joseph I）订婚的那一刻起，她的生活就充满了童话般的色彩。这位帝国的第一夫人很快便遭遇了她的婆婆皇太后苏菲的敌意。苏菲为查理五世时期刻板过时的礼仪所束缚，还将这种着装方式强加于茜茜公主。这一礼仪要求皇后每天都要穿一双新鞋，然而她拒绝了。国内供应商愤怒不已，因为失去了重要的收入来源（尽管如此，有一段时间的清单表明皇后衣橱中共有113 双鞋！）。与此同时，尖酸刻薄的侍女们称皇后骑马过于频繁，还把她们的担忧反复告诉宫廷的女士们，甚至是那些受人鄙视的女仆。皇后骑马时，马夫和路人都目不转睛地盯着她的脚踝。她容光焕发的美貌和敏捷的步态让她成为当时最迷人的女性之一。就在她快步走在日内瓦的勃朗峰码头准备登船时，遭到意大利无政府主义者路易吉·卢切尼（Luigi Lucheni）暗杀，享年 61 岁。

卡斯提里昂伯爵夫人的鞋子

　　1837 年，弗吉尼亚·奥尔达尼（Virginia Oldani）出生于佛罗伦萨一个古老而高贵的热那亚家族。1854 年，她嫁给了撒丁国王维克托·伊曼纽尔二世（Victor Emmanuel Ⅱ）的侍从弗朗索瓦·韦拉西斯（François Verasis）伯爵。她的美貌很快让她成为都灵的偶像。大臣加富尔提出利用她的美貌进行外交的想法，并派她去拜访拿破仑国王的宫廷。她的任务是诱使拿破仑三世同意意大利的统一事业，并得到了法国的支持。1856 年，她成为拿破仑三世的情妇，并促使对方决定与皮埃蒙特结盟。弗吉尼亚·奥尔达尼也是一名奇怪的自恋者，她是摄影师梅耶和皮尔森的拍照模特。他们都是享有盛誉的摄影师，擅长利用精湛的技术拍摄一些讨人喜欢的照片，受众群体包括法兰西第二帝国的政治、艺术等社会各界的精英。伯爵夫人还聘请皮尔森为她拍摄腿部和脚部照片，由此传达出一种情色信息。这个画面完全符合当时男人对女性身体某个部位的幻想，这部分通常在蓬蓬裙的遮掩之下而免受侵扰。

上页图 让·约瑟夫·尤金·路易·拿破仑王子的御用拖鞋，现藏于罗马国际鞋履博物馆。

下图 普鲁士国王威廉一世的靴子，创作于19世纪，现藏于奥芬巴赫皮革博物馆。

从迪斯德里的其中一张照片中可以看到，她身穿贴身的白色长裤，右脚穿着饰有纽扣的踝靴，后跟放在脚凳上。另外，弗吉尼亚还喜欢在公众场合脱掉鞋子，供她的仰慕者欣赏。这个古怪的人甚至还为脚制作了石膏模型，现存有两件这样的作品。这些模型可能是出自加里埃–贝勒兹（Carrier-Belleuse），他是一位以铸模闻名的雕塑家。

罗马国际鞋履博物馆收藏了一双伯爵夫人的拖鞋，装饰华丽，由紫色丝绒制成，上面镶有金线和精美的珍珠，还带有金色薄纱的高跟。这双鞋履还贴有一张标签，上面写着："J.A.佩蒂特女鞋，巴黎圣奥诺雷街334号，伦敦摄政街134号。"另外，这双鞋子属于第二帝国时期的典型风格，它浮夸的装饰让人想起了奥斯曼帝国时期平底拖鞋上的刺绣。

上图 路易斯·巴斯德的照片。

路易斯·巴斯德穿过的鞋子

路易斯·巴斯德（Louis Pasteur）是一名皮革工匠的儿子，1822 年出生在汝拉的行政中心多尔。这位著名的法国化学家和生物学家因发明狂犬病疫苗而闻名于世。

正如巴斯德博物馆馆长阿尼克·佩罗（Annick Perrot）解释的那样，巴斯德是科学界的革命者，却过着传统的私人生活。他的艺术品位和生活方式是 19 世纪中产阶级的典型代表，他的着装习惯也能说明问题。例如，路易斯·巴斯德十八岁那年，还是贝桑松学院的一名寄宿生，于 1840 年 10 月 28 日给父母写了封信：

> 替我照顾好那个用来装靴子的小盒子胡格内。

1852 年 10 月 7 日，前往斯特拉斯堡的旅行中，他给妻子写了封信：

> 如果有什么好鞋，就把它们带给我。特别是我的鞋子和鞋罩，还有
> 黑漆皮鞋和靴子……

1856 年 1 月 29 日，他给父亲的另一封信中有一个有趣的故事：

> 入冬以来，我一直穿着您在斯特拉斯堡寄给我的木屐，身体也很健康。
> 除了几天便能康复的头痛感冒之外，我几乎没生什么病，但我的肠胃很
> 敏感；只要脚稍微湿一点，就会拉肚子。度假回来之后，我便没再这样了，
> 所以我很确信是因为我穿了木屐。

保持双脚干燥无疑能够预防疾病，但这个说法出自巴斯德这样一位科学家之口，颇有些幽默。

巴斯德在生命的最后七年里，一直住在研究所内一所以他名字命名的大公寓里。1937 年，这所公寓改建成了一座博物馆，里面陈列着这位科学家的家具、个人物品、艺术作品、照片，也有他的鞋子。这些生活背景几乎原封不动地保存了下来，并笼罩在充满情感的氛围之下，这让我们能够想象巴斯德穿着由优质的黑

左图　路易斯·巴斯德的鞋子。

下页图　路易斯·巴斯德的拖鞋。

色毛毡制作而成的拖鞋，在房间和浴室之间来回走动：这难道就是见证他生命的时刻吗？但这些鞋子看起来似乎都没怎么穿过。

另一双结实的紫红色刺绣拖鞋可能是巴斯德夫人的，她和那个时代的许多年轻女孩和少妇一样擅长刺绣。我们可以想象巴斯德夫人坐在三楼客厅的壁炉旁，手拿针线，她的丈夫则与朋友贝尔丁在一边打牌。

博物馆还有一双黑色羊毛鞋罩，上面有七个小边扣，此外还有三双黑色皮革踝靴，巴斯德好像在生命的最后阶段只穿了这些鞋，甚至去海滩时也是如此。

这两双黑色羊皮踝靴，上面饰有带扣，看起来极为相似，实际上还是有几处细节不同。第一双由六颗带扣固定，在靠近腿部的内衬布料上贴有这样一条标签："圣米歇尔马克尔大道 12 号，巴黎定制鞋匠。"

这双踝靴与巴斯德坐在研究所花园里的照片中所穿的踝靴一样。第二双除了没有标签之外，它有七颗带扣用于闭合鞋履。

此外，这双踝靴鞋口带有 5 厘米长的拉环，穿鞋时会更加方便。巴斯德从 46 岁开始瘫痪，穿衣和穿鞋对他来说都很困难。最后一双踝靴的踝部两侧用弹性织物紧密包裹，很明显这是当时的流行风格，这肯定比那种有带扣的踝靴更方便。当你走近巴斯德经常走的公寓楼梯时，会注意到他因瘫痪而需要的双手栏杆。似乎可以感受到有一位行动不便、步履蹒跚的身影在来回穿梭。他的鞋子被小心翼翼地放置在衣柜里，提醒我们这位伟人在生命的不同时刻所迈出的"步伐"。

巴斯德于 1895 年去世，现在长眠于该研究所一楼专门修建的葬礼小教堂，该教堂采用象征主义时期典型的拜占庭风格设计。穹顶中央的雕刻上刻有一句摘自巴斯德在法兰西学院发表致辞中的句子：

　　那些心怀上帝，秉持美好的理想，并努力遵循艺术、科学、国家和福音教义原则的人才是幸福的。

这是拉贝尔·奥德罗
的中靴，采用棕色和
米色小山羊皮制成，
嵌有银色小山羊皮，
创作于巴黎，1900 年
左右，现藏于罗马国
际鞋履博物馆。

拉贝尔·奥黛罗的踝靴：一位来自美好时代的丽人

1900 年的前后十年里，美人比比皆是。然而，特别美好时代出现了三位著名的名妓争相夺魁，分别为埃米利安·德·阿朗松（Emilienne d'Alençon）、莉亚娜·德·普齐（Liane de Pougy）和拉贝尔·奥黛罗（La Belle Otéro）。

奥黛罗是一位西班牙美女，她十二岁在巴塞罗那的兰布拉大道首次亮相，后来征服了马赛，在水晶宫中翩翩起舞。于是，她的美貌引起了轰动，甚至有观众为她大打出手。她来到巴黎继续打拼事业，凭借自身的魅力赢得了众多热情的仰慕者，甚至有人为了获得她的青睐而倾家荡产。她在男人眼中如同一只蚱蜢，因为她在轮盘桌上赌博，会和老赌场的走卒共度一夜来弥补自己的损失，这些走卒都富得流油，但相貌极其丑陋。有一次，她在圣彼得堡进行风流韵事后带回来了两位女皇和一位皇后的项链，把它们当成纪念品。

她在人生的巅峰时期，身着性感迷人的装束走进了马克西姆餐厅，而她的竞争对手莉亚娜·德·普齐则为了嘲笑她的卖弄炫耀，没戴任何珠宝就来这间时尚餐厅，但普齐的贴身女仆被携带了一个装着她所有珠宝的垫子，女仆几乎被沉重的垫子压弯了腰。

拉贝尔·奥黛罗在巴尔马比尔舞厅里跳舞，在阿梅诺维尔用餐，在布洛涅森林炫耀风采，并细数她的爱慕者。为她着迷的人包括威廉二世，以及那些不惜花费钱财求得她青睐的仰慕者。有些男人在破产或被拒绝后选择了自杀，因此她获得了"自杀女妖"这一不幸称号。

这位来自安达卢西亚的女人过着奢靡浪费的生活，她能歌善舞，很有天赋。为了保持自己的艺术声誉，每次演出前，她都会跑到凯旋圣母教堂点一支蜡烛。她在音乐厅版《卡门》演出大获成功之后，拒绝与喜剧歌剧院签约，并于 45 岁宣布退休。当时她仍然美丽动人。

1922 年，她的财产估计有 500 万，但很快就像夏日融雪一样，因赌博而倾家荡产，从此结束了奢靡的生活。她从尼斯的小豪宅，落魄至奢华酒店里的普通房间，再到卖掉了她的"剩余财产"（她几乎一无所有），最终在一个狭小的房间里过着退休生活，靠赌场微薄的养老金为生。

在九十三岁时，年迈的拉贝尔·奥黛罗仍然受到一些老人的追求，他们会带着香槟和鱼子酱来她的房间用餐。

拉贝尔·奥黛罗于1965年4月去世，当时她已经一贫如洗，但仍有媒体多次试图将她从默默无闻中拯救出来。如今，她的踝靴被收藏在罗马国际鞋履博物馆，让她不会因为时间而被人遗忘。这些鞋子也是美好时代鞋履艺术的精美典范。

歌剧女高音尼侬·凡琳的靴子

1886年，尼侬·凡琳（Ninon Vallin）出生在多菲内省一个名叫蒙塔利厄的村庄，她从小就喜欢唱歌。这个孩子的天赋很快在位于德龙的格兰德-塞尔小社区的教区教堂唱诗班中显露出来，她的父亲是一名公证律师，1906年刚在那里开了一间办公室。里昂音乐学院于1910年授予了她四个奖项。她凭借非凡的女高音音域，在世界最负盛名的舞台上进行演出。罗马国际鞋履博物馆展出了一双东方风格的靴子，这是1917年她在米兰的斯卡拉大剧院上演唱亨利·拉博（Henri Rabaud）的歌剧《开罗的修鞋匠迈尔鲁夫》时穿的，她饰演的角色是萨姆切丁公主。1914年5月15日，由喜剧歌剧院创作的这部五幕歌剧将我们带到了开罗、"无诈城"和沙漠之地。它改编自《一千零一夜》的故事，讲述了鞋匠迈尔鲁夫在埃及首都练习手艺的传奇冒险。

迈尔鲁夫生性懒惰，在家里过得很不开心。妻子法特维麦长得难看，脾气暴躁，还经常殴打他，所以迈尔鲁夫

下页图 尼侬·凡琳约1917年出演《开罗的修鞋匠迈尔鲁夫》时穿的靴子。现藏于罗马国际鞋履博物馆。

决定离家出走。不久之后，他便遭遇了海难，但顺利脱险。他的朋友阿里把他救到了岸上，带他去了"无诈城"。这位谦卑的鞋匠假装自己是世界上最富有的商人，希望能够迎接一支满载奇珍异宝的商队。

苏丹亲自邀请他到王宫，并不顾大臣的怀疑，把自己的女儿萨姆切丁公主嫁给了他。如此迈尔鲁夫的生活开始变得奢侈，挥霍掉了他妹夫的钱财，于是他向妻子承认自己骗了她。这对恋人决定逃离，前往居住在绿洲的一位贫穷的农民那里避难。为了感谢他的盛情款待，迈尔鲁夫开始帮助农民在田间劳动。

在推犁的时候，迈尔鲁夫撞到了一个铁环，掀开是一处密室的入口。更重要的是，铁环还特别神奇：公主摸一下它，农夫就变成了一只精灵，立即为这对夫妇效劳，并向他们介绍了一个不可思议的宝藏。当苏丹和卫兵追上这对逃亡的夫妇时，便能从远处听到大篷车驶来的声音。经过一番波折，迈尔鲁夫和公主最终胜利归来，而大臣则被判处一百杖刑。

尼侬·凡琳在世界各大首都备受赞誉，但她一点也不像歌后。她经常回到家乡，平易近人地参加村子里的节日活动。1961 年 11 月 22 日，这位歌唱公主在米默尔去世，这天正值音乐家守护者圣塞西莉亚的庆祝日。

莫里斯·切瓦力亚穿过的鞋子

莫里斯·切瓦力亚那顶著名的草帽也许是他形象和表演的重要组成部分（尤其在欢快的歌曲《戴着我的草帽》中），但基本上没人注意过他的鞋子。尽管如此，他的继承人于 1984 年通过中间人摄影师迦克 – 亨利·拉蒂格（Jacques-Henri Lartigue）向罗马国际鞋履博物馆捐赠了一双鞋。这是一双深蓝色麂皮德比鞋，上面印有"百丽瑞士"（Bally Suisse）字样，他最后一次登上舞台上穿的就是这双鞋；有照片可以证实这一点，照片上显示 1968 年 10 月 1 日，莫里斯·切瓦力亚穿着这双鞋子在香榭丽舍剧院的舞台上鞠躬。

1888 年，这位银幕演员兼流行歌手出生于巴黎，他是密斯丹格苔（Mistinguett）在女神歌剧院的舞伴，还在巴黎赌场大受欢迎。作为一名伟大的舞台和音乐厅专业人士，他成功地演绎了许多歌曲，如 1945 年的《木底交响曲》：

上图 这双莫里斯·切瓦力亚的深蓝色麂皮德比鞋是他在巴黎香榭丽舍剧院告别舞台时穿过的，现藏于罗马国际鞋履博物馆。

我喜欢木底鞋的笃笃声

它让我快乐，让我哦，怎么能够说

当我听到这强烈的节奏

一首歌就在我心中唱起

笃笃声说早上好

冷杉树的小鞋子

笃笃笃，是时候醒来啦，起床，去工作吧

浪漫的年轻人走路时似乎在跳踢踏舞

我们整天都能听到雄辩的声音

数千双小鞋发出悦耳的喧嚣声

现在的女人很迷人

从头到脚

我喜欢木底鞋的笃笃声

它让我快乐，让我哦，怎么能够说

当我听到这强烈的节奏

一首歌就在我心中唱起

笃笃笃，是副歌

忙碌的街道上

笃笃笃，这交响乐

美丽的日子，少了漆皮

咔嗒咔嗒震动，听起来比鸣笛更快乐

这就是快乐鞋子的巴黎节奏

它把生活唱出了活力和乐趣

欣然快感沁入肌肤

我喜欢木底鞋的笃笃声

它让我快乐，让我哦，怎么能够说

当我听到这强烈的节奏

一首歌就在我心中唱起

太棒了！多么美妙！这真的很棒！

下页图 查尔斯·德内的鞋子，现藏于罗马国际鞋履博物馆。乔尔·加尼耶摄影。

　　这位词曲作者通过精心挑选的词汇重现了第二次世界大战期间人们穿着木底鞋所发出的声音。莫里斯·切瓦力亚以其独特的韵律节奏让这首歌变得有趣俏皮，对鞋匠的创造力致以崇高的敬意；在历史上这一时期，由于皮革短缺，鞋匠们采用替代材料，推出了适合形势的新款鞋履。

查尔斯·德内穿过的鞋子

1990年10月7日，查尔斯·德内（Charles Trenet）在罗马举办独奏会时，承诺将他的舞台鞋捐给罗马国际鞋履博物馆。他在2001年6月21日去世之后，遗产执行人在音乐节当天正式捐赠了这些鞋子。

这些鞋子没贴标签，十分舒适，还具有支撑功能，为德内敏感的双脚提供了帮助，掩盖了他在第二次世界大战期间右脚上留下的伤疤。一款配有黑色盒子的

黎塞留鞋款，透露出一种古典的优雅气质，使人变得怀旧。此鞋似乎也在哼唱他的歌曲，比如《大海》《甜蜜的法国》《我们的爱还剩下什么？》《国道7号》《巴黎记忆》《非凡的花园》《砰砰》《生活太美妙啦！》等等。

如今，这些鞋子已成为博物馆中的文物，作为这位才华横溢的艺术家职业生涯的物证，再次亮相舞台。它们提醒游客，查尔斯·德内不仅是法国歌曲界的巨星，还是备受国际赞誉的不朽天才。他谱写了一首幸福的生命赞歌。

塞萨尔在工作室穿过的鞋子

雕塑家塞萨尔·巴尔达奇尼（César Baldaccini）被埃德蒙德·夏尔·鲁（Edmonde Charles Roux）称为"现代的火神伏尔甘"。塞萨尔从小就认识毕加索，他在工作室里穿着木底鞋，焊接和组装他所发现的金属垃圾碎片。

塞萨尔·巴尔达奇尼参观罗马国际鞋履博物馆时，被展品深深吸引，对各式各样的金属制鞋机器赞叹不已。这位艺术家在访客签名簿上的签名方式与他所展现的才华和艺术相得益彰：首先，他用铅笔硬朗、快速一挥勾勒出结构，然后画出金属大门后面的女士浅口鞋，整个画面给人一种空间感和立体感。

在他工作室旁边的办公室里，陈列着一排艺术类书籍，还有一个放置纪念品的架子，上面摆满了女人的鞋子。一位前来采访他的记者注意到了这些鞋子，塞萨尔解释道："我刚发现了一个美妙的东西：罗马国际鞋履博物馆。"

跨页图　塞萨尔工作室的鞋子，采用厚重棕色皮革制成，现藏于罗马国际鞋履博物馆。

左图 摄影师雅克·亨利·拉蒂格的鞋子，制作于 1980 年，现藏于罗马国际鞋履博物馆。

下页图 穆娜·阿尤布的鞋子，现藏于罗马国际鞋履博物馆。

雅克·亨利·拉蒂格穿过的鞋子

摄影师雅克·亨利·拉蒂格（Jacques Henri Lartigue）从小就开始摄影了，并从 1918 年开始以画家的身份亮相。拉蒂格还为法国总统瓦莱里·吉斯卡尔·德斯坦（Valéry Giscard d'Estaing）拍摄过官方肖像。他的作品上除了有签名之外，还有太阳标志，这更加让人眼前一亮。他在工作室穿的帆布胶底鞋上也有同样的太阳标志，该鞋于 1983 年捐赠给了罗马国际鞋履博物馆。

穆娜·阿尤布：高级时装收藏家之旅

穆娜·阿尤布出生在黎巴嫩山区，从小就对时尚产生了兴趣。小时候，她陪着母亲去"朱丽叶夫人"——一家在锡德·埃尔·鲍克里的法国时装店。在这家设计工作室翻阅杂志时，她见识了迪奥、帕奎因、夏帕瑞丽、维奥内特和圣罗兰的最美款式。

在朱丽叶夫人店里，穆娜还学会了如何为她的洋娃娃做衣服。没过多久，她就和母亲一样无条件地崇拜起可可·香奈儿，并开始向往巴黎——这座为时尚和品位定下基调的国际优雅之都。

她在比克法亚圣心修女会接受教育，并在那里掌握了纯熟的法语，之后又前往普罗旺斯地区的艾克斯、马赛和巴黎求学。在蒙田大道和康朋街的橱窗前，她很快就对时尚产生了浓厚的兴趣。

1978年2月1日，穆娜嫁给了一位富有的沙特人。在婚礼上，她穿着由让 - 路易斯·雪莱（Jean-Louis Scherrer）设计的婚纱。从此，她成了高级定制时装秀的常客。她忠实于巴黎最负盛名的时装公司，同时也以专业的眼光关注着高级定制时装秀场上的年轻设计师。穆娜·阿尤布凭借出色又明智的购买策略，让自己成为高级定制时装领域最伟大的私人收藏家。二十多年来，她以极大的热情收藏了大量华丽的服饰，这些服饰展现了高级定制时装业的卓越技艺和非凡创意。

她的遗产非同凡响，并且还在不断增加，其中就包括了1000多双鞋子。2001年秋冬季节，她的一系列收藏成为罗马国际鞋履博物馆展览的主题：穆勒鞋、凉鞋、查理九世式鞋、靴子、短筒女靴、踝靴、路易斯十五风格的浅口鞋。它们都是手工制作，代表了雷蒙·玛萨罗为香奈儿工作的十年（1990—2000年）成果。这些鞋子给参观者带来了文化和感官上的愉悦。

模范赞助人穆娜·阿尤布是艺术创造力的真正支持者，她促进技术代代相传。正如才华横溢的刺绣家弗朗索瓦·莱塞格所解释的那样："如果再有十五位像她那样的人，高级时装业的未来将是一片光明。"

1961 年，保罗·博古斯担任法国最佳手工业者奖评审团主席时所穿的鞋子，由黑色小山羊皮制成，属于莫卡辛软帮鞋风格，现藏于罗马国际鞋履博物馆。

保罗·博古斯和皮埃尔·特罗斯葛罗穿过的鞋子

1961 年，保罗·博古斯（Paul Bocuse）担任法国最佳手工业者奖评审团的主席时穿着莫卡辛软帮鞋，它由黑色小山羊皮制成。随后，他决定继续穿着这双鞋子前往法国里昂近郊的著名餐厅。他热情迎接客人，客人前来品尝博古斯其中的一道拿手名菜——用猪膀胱烹制而成的布雷斯鸡。

当法国名厨皮埃尔·特罗斯葛罗（Pierre Troisgros）没在罗阿讷的餐厅里准备酸鲑鱼时，他便会换上木屐，在卢瓦尔河的布隆丁斯葡萄园里巡视。

几年前，这两位大厨将这些鞋子赠给了罗马国际鞋履博物馆。

上页图　皮埃尔·特罗斯葛罗的木屐，由木头和皮革制成。这位主厨去他的布隆丁斯葡园时会穿这双鞋。由居住在雷奈松的鞋匠丹尼尔·德里格尔德（Daniel Drigeard）制作。

上图　密斯丹格苔的鞋子，现藏于巴黎加列拉宫时尚博物馆。

上页上图　鞋匠卡米尔·迪·毛罗（Camille Di Mauro）为萨卡·圭特瑞（Sacha Guitry）设计的室内穆勒鞋，制作于 1940 年，现藏于巴黎加列拉宫时尚博物馆。利夫曼摄影，PMVP 供图。

上页下图　鞋匠米尔·迪·毛罗为拉娜·马尔科尼（Lana Marconi）和萨卡·圭特瑞结婚而设计的一双鞋，现藏于巴黎加列拉宫时尚博物馆。利夫曼摄影，PMVP 供图。

上图　这是伊丽莎白二世女王的婚鞋，现藏于瑞士舍嫩韦德的巴利博物馆。

下图　这张照片展示了琼·克劳馥（Joan Crawfor）于 1923 年在菲拉格慕开设的"好莱坞靴店"里的场景，现藏于佛罗伦萨菲拉格慕博物馆。

上图　摩纳哥格蕾丝王妃的鞋子，采用米色布料，上面绣有多彩花卉，配有路易斯十五世风格的鞋跟，这是由埃文斯设计，由米勒打造的独特鞋款，现藏于罗马国际鞋履博物馆。

上图　维尔弗里德·皮奥勒（Wilfride Piollet）的舞鞋，制作于 1998—1999 年，现藏于罗马国际鞋履博物馆。

跨页图　1986 年，在西德尼·波拉克（Sydney Pollack）导演的《走出非洲》中梅丽尔·斯特里普（Meryl Streep）饰演凯伦·布里森（Karen Blixen）时所穿的靴子和罗伯特·雷德福（Robert Redford）在饰演丹尼斯·芬奇·哈顿（Denys Finch Hatton）时穿的飞行员靴，由庞贝公司制作。

上图　玛丽莲·梦露的低帮浅口鞋，鞋身饰有红色施华洛世奇水晶，鞋跟上也缀有水晶。这是 1960 年菲拉格慕为乔治·库克（George Cuko）执导的电影《让我们相爱吧》时设计的鞋履，现藏于佛罗伦萨菲拉格慕博物馆。

下图　1963 年，伊丽莎白·泰勒在电影《埃及艳后》中穿的凉鞋。

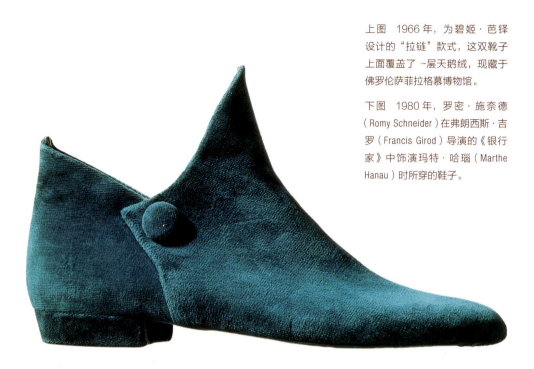

上图 麦当娜的穆勒
鞋，由多尔奇和加班
纳设计，现藏于奥芬
巴赫皮革博物馆。

下图 麦当娜的木楦，
现藏于斯皮尼·费罗
尼宫。

上图　这是莱昂纳多·迪卡普里奥在《泰坦尼克号》扮演杰克时穿的踝靴，由庞贝之家制作，1996 年。

上图　这是凯特·温斯莱特在电影《泰坦尼克号》中饰演露丝时所穿的查理九世款式的鞋子，由庞贝之家于 1996 年设计。鞋面涂有黑色清漆，鞋腰和配饰由紫罗兰色天鹅绒小牛皮制成。

上图　约 1889 年，为玩偶制作的黑色皮质长筒靴。它是鞋匠爷爷
送给孙女的圣诞礼物，现藏于罗马国际鞋履博物馆。

第4章
鞋子的故事

从表面上看，大多数鞋子都显得异常平庸，甚至微不足道。然而，有些鞋子却通过它们展现的人类故事和所体现的主题，超越了日常的现实意义。

特蕾莎的娃娃鞋

八岁时，特蕾莎和同龄的其他小女孩一样玩洋娃娃。特蕾莎的洋娃娃穿着一件束腰蓝色连衣裙，有一双美丽的眼睛，但却没有鞋子。这真是个严重的疏忽，因为特蕾莎是一位鞋匠大师的孙女。

在放学回家的路上，特蕾莎总是不忘在祖父的作坊前停下来，亲吻他一下。作坊里有几名工人在手工缝制定制鞋履。星期四不上学的时候，小女孩经常会到作坊里度过一下午，那里弥漫着皮革、胶水和抛光剂的混合气味。特蕾莎在作坊里四处查看，从工作台到摆满木制模具和钉子盒的货架，无所不至。而作坊里持续响起的声音回荡在她耳边，包括钳子将钉子推入最后一道皮革的声音以及锤子敲打皮革的声音。

1889 年 11 月一个阴冷的下午，特蕾莎抱着洋娃娃，像往常一样推开店门，她就像一束阳光，让整个店铺充满了欢乐。就在那一瞬间，爷爷的目光落在了洋娃娃的光脚上。现在，特蕾莎忍不住要探索鞋匠作坊的世界了，她把洋娃娃放在了凳子上。趁此机会，她的爷爷迅速测量了洋娃娃脚的大小。工作结束后，爷爷费尽心思为洋娃娃做了一双迷你踝靴。平安夜那天，他用纸巾将它们包好，趁孩子睡着的时候，把洋娃娃鞋放在壁炉前的鞋子里。

圣诞节的早晨，特蕾莎发现自己的鞋子里塞了一双洋娃娃鞋。她高兴得两眼放光，转过身对爷爷说："爷爷，你看圣诞老人给我带来了什么？他和你一样会做鞋子呢，你甚至都没有教过他。"

特蕾莎小心翼翼地保存着这双小踝靴，作为她与心爱的爷爷之间深厚感情的纪念物。许多年过去了，特蕾莎在圣诞时节决定把这双靴子捐献给罗马国际鞋履博物馆。当时她已是九十五岁高龄。在捐赠时，这位老太太说道："爷爷在天上看着呢。从 4000 多年前到现在，这里聚集了成千上万双工匠制作的短靴，要是爷爷能在这里看到他自己做的短靴，一定非常开心。"

随着假期的临近，博物馆再也没有出现比特蕾莎的娃娃鞋更棒的礼物了。

挖井者的靴子

1880 年，有许多住宅的水源都来自水井，尤其是农场，这是广义上的生命之源。朱尔斯是一名掘井工人，他住在多菲内的德龙北部地区。这是一项艰苦而危险的工作，为了下到地下四五十米深的地方，这位专门挖掘小直径水井的挖井工要穿上村里工匠为他设计的防护靴。靴子由厚厚的木底和切割过的锌片制成，包裹着脚部和腿部，每只靴子重达两千克。

他的孙子解释道："我祖父在维护水井时，必须下到井底，在冰水中扑腾。因此，我祖母织的厚羊毛袜和套在它们外面的大靴子保护他免受寒冷。然后，为了挖掘一口井，他必须到达水层，用一把铁铲在泥灰或黏土上挖井。这随时都会有被石头打中的危险。"

因此，这双靴子的主要功能是保护朱尔斯的双脚和双腿，帮助他与恶劣的环境做斗争。它们就像提前预示了 1950 年后许多高风险职业所使用的工作鞋。工作

上图　这是挖井人的靴子。现藏于罗马国际鞋履博物馆。乔尔·加尼耶摄影。

鞋的工业化发展要归功于公共卫生和安全委员会，然后才有了土木工程中的防护鞋、消防员的耐火靴，还有食品连锁店和医院里的木底鞋。在医院里穿木底鞋是手术室里的一种消毒措施，现在外科医生也必须穿木底鞋和手术服，而不是用布靴裹住他们在城市里穿的鞋子。

卓娅的鞋子

　　卓娅来自俄罗斯的一个贵族地主家庭。她于 1900 年左右出生在克里米亚,与社会上许多同龄女孩一样,从小学习弹钢琴。她天赋异禀,在辛菲罗波尔的一所音乐学院继续深造。尽管国家经历了重大社会和艺术变革,卓娅仍坚持在彼得格勒音乐学院学习。历史变革迫使许多同胞移居国外,但卓娅却拒绝离开,因为她深深地爱着自己的国家,眷恋着那些共同热爱音乐的朋友。

被流放到内地后，卓娅的才华让她成为一名备受赞誉的钢琴家，而她的魅力、优雅和美貌深深吸引了电影制片人的注意。他们为她提供试镜机会，并恳求她从事表演行业。然而，卓娅婉拒了这份邀请。因为她无法抗拒音乐的召唤、诠释音乐的快乐，以及音乐给予自己和听众那种非物质、近乎超自然的愉悦，这也是她更加向往的。

此后，卓娅完全投入到艺术创作中，她的观众都来自彼得格勒的上流社会。20世纪20年代，彼得格勒经历了1914年开始的一战和1917年的十月革命，国力衰弱，缺乏活力。因此，列宁认为国家需要休养生息，于是推出了允许私营企业发展的新经济政策。在此期间，卓娅穿了一双彼得格勒鞋匠制作的米色皮革便鞋，其鞋扣和鞋跟都是采用一块完整的琥珀切割而成的，这就足以证明在那个奢侈品匮乏的艰难时期，俄罗斯工匠的想象力极为丰富，技艺高超。

卓娅的侄女在法国生活了很多年。20世纪60年代，在一次去俄罗斯的旅行中，侄女遇到了卓娅的表兄弟，他们把卓娅最珍贵的鞋子送给了她。2000年，这双传家宝的新主人将它捐赠给了罗马国际鞋履博物馆，并在那里进行展示。这双鞋所象征的一切都将唤起人们内心的沉默、敬畏和冥想。

跨页图　卓娅在音乐会弹钢琴时所穿的鞋。这是一双来自俄罗斯的女士浅口鞋，由米色小山羊皮制成，鞋跟和鞋扣采用琥珀材质，鞋跟设计格外别致，具有俄罗斯的风格特色。该鞋大约制作于1920—1925年间。

玛蒂尔德的踝靴

1920 年冬天的一个早晨，二十岁的玛蒂尔德和表妹一起登上了火车，打算去探望她们的祖父母。玛蒂尔德清瘦优雅，是个迷人的黑发姑娘。那天早晨，她穿着一双饰有花边的棕色小牛皮踝靴，露出了修长的双腿。当这对表姐妹在车厢里落座时，乔治已经坐在了窗边。玛蒂尔德的到来像一道闪电击中了他。刹那间，他只看到了这位年轻女子的踝靴和双腿，因为列车员就像屏风一样挡在她的面前，但她的身影很快就完全浮现出来了，乔治目不转睛地盯着她。玛蒂尔德察觉到自己成了对方关注的对象，但她的教养并未让她对这个陌生人给予丝毫关注，虽然她注意到这个人也相当出众。车窗外的风景像幸福的画卷一般从眼前掠过，表姐妹轻声聊了起来。乔治竖起耳朵，竭尽全力听清她们的谈话，有时会因为火车头发出轰隆的声音而听得不清，交谈内容主要围绕约翰·塞巴斯蒂安·巴赫的作品和一次在教堂排练演奏的《人类渴望的喜悦》。到达目的地后，玛蒂尔德离开了车厢，给乔治留下了两条信息，以便他找到自己：一条是她的名字，另一条则是一个小镇的名字，她周日在那里的教堂弥撒活动中演奏管风琴。

几天过去了，乔治对这次邂逅的记忆却始终没有消退，玛蒂尔德的身影深深地印在了他的脑海里——印象最深刻的是她那双穿着踝靴的美腿，剩下的则是她那优雅与柔弱并存的身影。乔治最后向母亲吐露了他心中的秘密，然而母亲对这个意外的袒露感到有些不快，尤其是因为这有悖于他所处环境应该接受的行为规范。但没过多久，乔治就决定去找玛蒂尔德，他内心充满了前所未有的喜悦。当他走进教堂参加十一点钟的大弥撒时，此时响彻全场的管风琴声与他的情绪遥相呼应。铿锵急促的音乐使他的情绪高涨，触动了他内心深处的灵魂，仿佛把他带到了另一个世界，在那里他感受到了永恒的片刻。音乐会结束后，乔治陷入了沉思和观望之中。乔治躲在连接管风琴走廊和中殿的木质小螺旋楼梯旁的一根柱子后面。突然，他听到了玛蒂尔德的脚步声，这仿佛是一个信号。脚步声在他耳边回响，像节拍器一样调节着他的心跳。终于，乔治看到了她。她依然穿着火车上那双令他非常欣赏的踝靴，在朋友和熟人的簇拥下，散发出一种令人赞叹的美。

他脑海里浮现出火车上对她一见钟情以及对未来的憧憬。乔治心跳加速，但他是个沉默的爱人，只会在远处默默观察，他连续三个星期天来回往返。在那个交通工具缓慢、出行不便的时代，这段旅程共有四千公里。他一直无法忘记玛蒂

尔德，于是他找到教区神父。神父对他的管风琴师赞誉有加。就这样，几个月之后，神父在这座教堂里为他们举行了婚礼。

这对夫妻为彼此付出了真心与关爱，他们的感情不断升华。虽然这些日常琐事微不足道，却足以让平凡变得非凡。这是一种创造幸福的艺术，也是克服困难的方法。剩下的便是化学反应了：他们生育了四个孩子。

历经了四十五年的婚姻生活后，乔治在生命的最后一刻仍然有勇气告诉玛蒂尔德，她是一位非常出色的妻子，他深爱着她，对她的爱简直无与伦比。他说，这是因为玛蒂尔德知道如何在人生的不同时期成为他所需要的女人。他再次告诉妻子，在 1920 年那个冬天的早晨，他坐在火车上立刻意识到，这个如春日般美丽的女人将改变自己的一生。玛蒂尔德回答道，那一刻，她也被眼前的陌生人深深吸引了，莫名其妙地有一种幸福的预兆。乔治总是对女人穿着漂亮鞋子时的美腿心生喜爱，于是他给妻子买了很多漂亮的鞋子。然而，他们第一次见面时穿的那双踝靴却像文物一样被小心翼翼地保存了下来，先装进了原先那个棕米色的帆布袋里，再把它存放在他们卧室的衣柜顶层。

乔治逝世前不久的一天，玛蒂尔德突然在想乔治去世后她会如何怀念他。后来，她决定将这双踝靴赠送给罗马国际鞋履博物馆，还真挚地分享了其中的故事。如今，在这个珍藏记忆的地方，踝靴象征着男女之间的相互爱慕，这种爱慕已经升华到一种崇高的境界，并通过相互赠送礼物的方式来表达感情。

托因的木屐

托因继承了他父亲的小农场。天刚蒙蒙亮，他就穿上木屐开始干农活了，比如打开鸡舍的门，把干草倒进两匹骡子的食槽里，给山羊挤奶，喂笼里的兔子吃苜蓿和打扫猪圈。

托因经常在水井（房屋的唯一水源）、菜园和地窖（地窖里成排摆放着收放葡萄的大桶）之间忙前忙后，还要经过厨房（在厨房里烹饪和吃饭），因此他要穿双结实的鞋子。

随着季节的变化，托因穿着相同的鞋子在田里收割玉米，到了盛夏又去摘桃子。到了繁忙的劳作时期，托因又跟在一匹名叫尼格罗的骡子后面犁地。

他的木屐在松软的田沟里留下脚印，这时村里的教堂钟声敲响了，钟声意味着是时候回农舍了。秋风吹落马厩附近道路两旁的树叶，托因的木屐踩在树叶上发出嘎吱嘎吱的声音。

托因家的大门附近有一块靴子刮板，这是一个又薄又旧的铁条，由两段饱经风霜的藤桩支撑，离地面有十五厘米高。它唯一作用就是清除粘在木鞋底上的泥土。

托因的"通用"木底鞋是战争期间位于法国德龙山脉热尼西厄小农村社区的农业实践。1978 年，托因的侄子将这些鞋子捐赠给了罗马国际鞋履博物馆，它的存在见证了人类与土地之间的联系。

这是农夫托因在 1950 年穿的木底鞋，现藏于罗马国际鞋履博物馆。乔尔·加尼耶摄影。

第5章
文学作品中的鞋子

　　自古以来，关于鞋子的文学描述就层出不穷。它们不仅是部分宝贵的图像资源，也是唯一对丢失的鞋子和古代鞋子有意义的信息来源。在时尚新闻出现之前，有关鞋子的文学描述也是不可替代的资源，可以用来确定鞋子的年代。

　　此外，文学作品对制鞋业具有参考价值（最著名的例子是让·德·拉·封丹的寓言《补鞋匠与财主》），甚至对鞋业界也颇具影响，正如古希腊诗人赫罗达斯（Herodas）在哑剧中所描绘那样。然而，关于鞋子的文学形象中，最崇高、最具象征意义和诗意的形象无疑是保罗·克洛岱尔（Paul Claudel）的代表作《缎子鞋》。这本书讲述的是多娜·普鲁赫兹（Doña Prouhèze）与唐·罗德里戈（Don Rodrigue）私通的故事。她脱下鞋子，将自己的绸缎拖鞋托付给圣母玛利亚，以此作为庄严誓言的象征，然后她作出了以下祷告：

上页图　本杰明·罗切尔（Benjamin Rabier）创作于20世纪的《森林中的喜剧场景》插图。

趁现在时间还来得及，快快用你的一只手揪住我的心，另一只手拿住我的鞋，我把自己交给了你！圣母玛利亚，我把鞋子交给你了！圣母玛利亚，把我可怜的小脚握在你手中吧！我告知于你，再过一会儿，我就见不到你了，我就将违背你的意愿行事！但是，当我试图向罪恶冲去时，愿我拖着一条瘸腿！当我打算飞越你设置的障碍时，愿我带着一支残缺的翅膀！我所能做的都做了，请你留着我的鞋吧，请把它留在你的心口……

下图　本杰明·罗切尔创作于20世纪的《森林中的喜剧场景》插图。

赫罗达斯的《纸莎草》

虽然作品破损严重，部分内容缺失，但我们仍能大致了解文本的内容。

故事发生在高档鞋匠凯尔顿的店里。麦德龙带来了一些女顾客，凯尔顿向她们推销自己的鞋子。女顾客开始与凯尔顿谈价格，由于他与其他定制鞋匠给出的价格相当，同意给一些折扣，而且允许试穿，于是双方敲定了这笔买卖。他向麦德龙承诺，之前送修的一双鞋会在特定的日期做好。

麦德龙：凯尔顿，我给你带来了这些女士，想看看你是否有一些精巧的手工艺品值得给她们看看。

凯尔顿：我可不是白交的朋友，你不给这些女士找个宽敞的座位吗？我在说话呢，德里米罗斯，还在睡？皮斯托斯，打他的脸，把他打醒。或者说，把他的脊骨……绑在脖子上……快点松开他的腿……声音要比这些大……然后……开灯……我要掸掸座位上的灰尘……坐下，麦德龙。皮斯托斯，打开上面的架子，不是那个，是上面那个，快点取出准备要用的物品……啊！亲爱的麦德龙，你会看到什么呢？小心……打开鞋盒。

麦德龙：先来看看这双……做得很好，女士们也看看，看看鞋跟是怎么连在一起的，还有……它没什么好坏之分：全都出自同一个人。说到抛光皮革，老实说……你得承认找不到比这更好的了……也找不到比这更亮的蜡了。这是三枚金币……给了坎达斯，这一枚，另一枚，这一切都是神圣的，说实话，没有比这更大的谎言了……

凯尔顿：在这个世界上再也没有任何幸福了。在我看来……他们还想……用我们的艺术品……赚更多的钱，鞋匠，贫穷的指代……夜以继日地取暖……我们在傍晚前都没吃上一口饭……直到天亮；我就是不相信米基翁的蜡烛……我再也不说了（我还得养活十三个奴隶），但所有的女人，都懒惰成性，宙斯把美好的一天变成了两天，他们只有一句话："给点儿你能给的"；至于其他的……就像煎烤鱼的背面一样。但是，俗话说，话不能当饭吃，钱才是王道；如果这双鞋能让你满意，麦德龙，你最好一双接一双地拿出来，直到你完全确信凯尔顿没有撒谎。把所有的鞋盒都带上，皮斯托斯；有必要……女士们，你们可以回家了。把所有款式都检查一下：西基奥尼亚人穿的、阿姆拉基亚人穿的、淡黄色的、纯色的、鹦鹉绿的、帆布便鞋、穆勒鞋、拖鞋的、爱奥尼亚人穿的、高跟的、镂空的、低帮的、凉鞋的、阿哥斯人穿的、给年轻人走路穿的、大红色的。说说你心仪的款式吧，扪心自问，是女人还是狗更爱皮革呢？

女顾客：你刚才拿的这双，多少钱？别太让我们吃惊，把人都给吓跑了。

凯尔顿：如果你愿意，来开个价吧……秃头狐狸已经到家了，开个价吧，让那些使用工具的人有面包吃。——亲爱的赫耳墨斯，赢利之神，胜利的雄辩家，是的，如果我今天不在网里捞到点什么，我都不知道该怎么改善我的水煮晚餐。

女顾客：你嘀咕什么呢，就不能老老实实地开个价吗？

凯尔顿：夫人，这双售价一迈纳，您可以上上下下看一遍。就算是雅典娜亲自来买，我一分钱也不会少。

女顾客：我知道为什么了，凯尔顿，你的店里到处都是漂亮又昂贵的东西，你看看……今天是公牛月的第二十天，赫卡特要和阿尔塔基尼结婚了，她需要鞋子。真是太遗憾了！也许吧，不过运气好的话，他们会跑到你这里来，其实这是肯定的，不过你得把钱包收好，别让猫把你的迈纳叼走了。

凯尔顿：如果赫卡特来了，不能少一个迈纳，阿尔塔基尼来也不能少一个迈纳。所以，如果你愿意，就考虑一下吧。

麦德龙：命运不是已经赐予你快乐，让你去抚摸那些为欲望和爱情而生的小脚吗？但你不过是个下流的恶棍，所以对我们来说……还有这一对，你想要什么？大点声，就像你平时说话一样。

凯尔顿：那鞋值五个金币，是的，天哪，演奏家欧特里斯每天都求我让她拿走。但我不喜欢她，她答应给我四个达里克，结果用恶心的话嘲笑我的妻子。如果你也需要的话，去吧，小心点……给……还有这双和那双。听着，看在麦德龙的分儿上，我算你七个达里克，但在这里，你没有什么可抱怨的……这样一来，我这个鞋匠就像块沉重的石头直冲云霄。因为你们讲的根本不是普通的语言，简直就是一筐美味的事儿。啊！那边那个……离诸神不远，你的嘴唇日夜为他们张着。把你的小脚放在

上图 本杰
明·罗切尔
创作于20世
纪的《森林
中的喜剧场
景》插图。

这里，我给你做双鞋子。好了，没什么要补充的，也没什么要剪裁的。美丽的东西总是适合美丽的女士。有人认为这是雅典娜剪的鞋底。还有你，把你的脚也给我；肯定被牛踢过，才满身都是伤疤吧。不过，你可以在鞋面轮廓上磨他的皮刀，因为在凯尔顿家，除非鞋子完美无瑕，否则不会有人买走的。那边那个，给你七个达里克，门边嘶叫的那位像马一样强壮，女士们，如果你们还需要什么，比如凉鞋，或者你们喜欢穿的东西，只要让你们的小仆人过来就可以了。至于你麦德龙，九号再过来吧，无论如何，你们都会拿到你们的红鞋子。如果一个人还有点理智的话，为了御寒，即使毛皮大衣也得缝缝补补吧。

《纸莎草》具有双重意义：赫伦达斯详细介绍了古希腊的制鞋业，并列出各种类型的鞋子，证实了制鞋工艺的丰富性。希腊人的鞋子通常色彩鲜艳，适用于各种场合，例如，年轻人会穿猩红色的阿哥斯人鞋走路。

上图 《皮匠与银行家》是由
让·德·拉·封丹创作的寓言，
古斯塔夫·多雷（Gustave Doré）
在 19 世纪为其创作插图。

迈纳德、拉布吕耶尔与拉·封丹

弗朗索瓦·迈纳德（François Mainard）是弗朗索瓦·德·马莱伯（François de Malherbe）的弟子，喜欢写警句，他讽刺了一位鞋匠出身的暴发户皮埃尔，对方年轻时是个有名的补鞋匠，后来很有钱，为自己的老本行感到羞耻。作者用生动的形式写出了拉布吕耶尔（La Bruyère）的风格：伊菲斯在教堂里看到有人穿了一款新潮的鞋子。他再低头看了看自己的鞋，脸一下子涨得通红，他觉得自己穿得太不得体了。本来他来参加弥撒就是为了炫耀自己，结果现在得把自己藏起来。次日，他因为鞋子，把自己关在了房间。

这是拉布吕耶尔同时代的作家对道德的描绘，他给拉·封丹的寓言《补鞋匠与财主》留下了最后一句话，在这个寓言中，智慧和常识占上风。

有一个补鞋匠经常有事没事喜欢唱几句。他的快活也感染了别人，听到他的歌声，人们的心情也都欢快起来。这令他感到很自豪，很满足。鞋匠有个财主邻居，与鞋匠恰恰相反，很少唱歌。有时到了黎明才昏昏入睡，可鞋匠的歌声又会把他吵醒。财主于是就抱怨老天爷，怎么不像卖食品那样，也卖一些睡眠给他呢？这一天，财主叫人把那个正在哼歌的鞋匠请到自己的家里，问道：

"鞋匠老兄，我想知道您一年到底能挣多少钱？"

"一年吗？说真的，老爷，"快乐的鞋匠用愉快的声调说道，"我可不用这种方式来计算收入。我也不是天天都能赚到钱的，只要能混到年底也就可以了，好好活着就行。"

"是这样吗？那你一天到底能挣多少钱？"

"时多时少，倒霉的事也不是没有，有时收入还相当可观，主要是一年中总会有些日子要歇工的，人们一过节我们可就惨了，真是有人欢乐有人愁啊！可本地神父在布道时还总在不断地公布新的圣人纪念日。"

财主见他为人如此憨厚，就笑着对他说："我今天要让你像当上国王一样。来吧！把这一百块金币拿去收好吧！今后会派上用场的。"

鞋匠从来没有见过这么多钱，他拿着那些钱激动得说不出话来。他回到家里，把钱藏在了地窖里，不知不觉地，把欢乐同时也给埋藏了起来。

自从他得到这笔劳神忧愁的钱之后，他就失去了往日愉快的歌喉，也因此失去了睡眠。忧虑、怀疑和惊吓常常骚扰他，他的眼睛瞪得大大的，到了夜晚稍有一点动静，就以为猫在偷他的钱。最后，这个鞋匠不得不跑到那个已经不再被他歌声吵醒的财主家里，对那个财主说："把我的歌声和睡眠还给我吧！咳！这一百块金币你拿回去吧！"

在拉·封丹的《挤奶女工和一罐牛奶》的寓言中，当佩雷特梦想着变得富有的时候，她的"脚并没有踩到地面"。她用自己的方式穿鞋，就像拉·封丹让她在故事中穿着平底鞋一样：

> 为了方便，她穿着轻便的短装，迈着大步，这天她只穿了一条简单的衬裙和一双平底鞋。

在这种情况下，农场所关注的问题与伊菲斯对时尚的关注有着天壤之别，他们关注的是如何让自己看起来更好看。

雷斯蒂夫·德·拉·布勒托纳

雷斯蒂夫·德·拉·布勒托纳（Restif de La Bretonne）在他的文学作品中有着歌颂脚和鞋的天赋。在《反朱斯丁》中，他毫不犹豫地表达了自己的偏好："我对漂亮的脚和漂亮的鞋情有独钟。"

在他的"当代"小说中，主人公圣帕莱尔是一位有恋足癖的年轻丈夫。作者写道：

> 没有什么比他年轻妻子的鞋子更尊贵、更有价值了。这双鞋连鞋底都镶满了珍珠和璀璨的钻石。这双鞋花了一万多克朗，是圣帕莱尔送的礼物。晚上，他们在卧室独处时，年轻的丈夫突然跪了下来，用颤抖的双手从妻子漂亮的脚上脱下了这双漂亮的鞋子。然后，他给她换上了拖鞋，虽然价格不贵，但同样漂亮。鞋子被放在了一个小玻璃盒里，它由一个圆形底座和带金色柱头的玻璃柱组成。这双鞋被保存在这个盒子里，作

上图　由朱利安
详细提供的细
节。这是拉·封
丹的大理石雕像
的一角，高 1.73
米。现藏于巴黎
卢浮宫。

为不朽爱情的证据和保证。十年过去了，年轻的妻子从未忘记在每个结婚纪念日穿上这双鞋。丈夫的激情丝毫不减，也许这个仪式总能让他的爱焕发新的活力。或者，他的妻子在令人钦佩的婆婆的建议下，使用了其他女人不知道的方法。又或者像圣帕莱尔这样的男人更有爱心，对经常重复的刺激更敏感……

新婚第一年，鞋匠每天都会给圣塔莱尔送来一双新鞋，圣塔莱尔亲自下单，挑选颜色和装饰品。他的妻子只穿一天，然后就把它们放在墙柜里。第二年，他只订了一双白鞋。他的妻子陆续穿上了她所有的鞋子，只穿了一次，包括他婚前给她买的几双。通过这种方法，他总是被妻子的魅力所吸引。

在《范切特的脚》和《尼古拉先生》等著名小说中，鞋子的作用远不止装饰。在这些书中，对木屐、女式浅口鞋、拖鞋和穆勒鞋的详细描述堪称一本完整的 18 世纪女鞋款式目录。

安 - 路易·吉罗代 - 特里奥松的《阿达拉之死》，现藏于巴黎卢浮宫。

"夏克达斯的莫卡辛鞋"：夏多布里昂的《阿达拉》

1791 年，夏多布里昂（Chateaubriand）启程前往美国。《阿达拉》出版于 1801 年，讲述了夏克达斯和阿达拉之间的爱情故事。

这首田园诗将读者带入了美洲的异国情调之中。夏多布里昂写道："阿达拉用白蜡树的第二层树皮给我做了一件大氅，因为我当时几乎是一丝不挂；她还用豪猪的鬃毛给我绣带有麝香味的鼠皮莫卡辛鞋。"作者对莫卡辛鞋的描述显示了他与印第安人接触时细致入微的观察天赋。

例如，制作软皮鞋实际上是妇女的工作，豪猪的鬃毛刺绣在 18 世纪也很普遍。

有趣的是，作者在阿达拉的葬礼上并没有给她穿鞋，而画家吉罗代却用不连续的笔触描绘了她被裹尸布覆盖的双脚。夏多布里昂在书中写道："阿达拉躺在一片长满山野含羞草的草地上。她的脚、脑袋、肩膀及一部分酥胸都敞露着，她的头发上插着一朵业已凋谢的木兰花……就是我早先放在这位贞女床头祝她多子多福的那朵花。她的双唇犹如前两天早晨采来的玫瑰花蕾，似已凋零，似在微笑。她那十分苍白的面颊上，几条纤细的青筋依稀可辨。她的一双美目紧闭着，一双小巧玲珑的脚合在一起。"

居斯塔夫·福楼拜的《萨郎宝》

居斯塔夫·福楼拜花了五年时间撰写了历史小说《萨郎宝》，故事是基于公元前 3 世纪第一次布匿战争发生的一个插曲。为了将事实与虚构融为一体，他前往突尼斯，翻阅了他所能读到的所有有关地中海古代时期的资料。1862 年，他伟大的绘画和诗歌作品问世，这是他大量研究的结果。

迦太基曾召集蛮族雇佣兵与罗马人作战，但由于未能获得相应报酬，雇佣兵们威胁要起兵造反。为了安抚他们，元老院举办了一场宴会。利比亚人马托与雇佣军结盟，并自封为雇佣军首领。他成功地揭开了迦太基的护身符——女神坦尼斯的神圣面纱。但是，马托却深深地爱上了萨郎宝，她是受苦者哈米加的女儿，也是坦尼斯女神的崇拜者。她把自己献给了马托，但为了自己的信仰，她让马托归还了面纱。与此同时，哈米加设法阻挡叛军前进，结果他们因饥饿口渴而死。马托被俘后受尽折磨，死在了萨郎宝的脚下。萨郎宝随后表明了自己对他的爱意，并按照坦尼斯的旨意自杀了。

福楼拜在重构历史的过程中，成功地唤起了人们对一个处于文明与野蛮交汇处的非洲小镇的印象，其富裕与贫穷形成了鲜明的对比。书中描写的罗马人物所穿的鞋子都是在实用背景之下，凉鞋、布鞋、护腿甲、拖鞋和踝靴比比皆是。作者还记述了那些因社会地位不能穿鞋，只能赤脚行走的人，如祭司和奴隶。此外，与这些描写相辅相成的是不同环境下千变万化的脚步声，福楼拜精心选择的词汇令人回味无穷。

下面是从众多鞋子中选出的几个例子。首先，凉鞋在萨郎宝戏剧般的出场中值得一提："脚胫之间系着一条小金链，调节她的步子，身后拖曳着她的深紫色斗篷，说不清是什么料子做的，好像一个大的浪头随着她的每一步晃动。祭司不时弹着他们的里拉琴，声音差不多发闷，逢到停顿的时候，可以听见小金链的窸窣和她的纸莎草鞋的整饬的响声。"（第一章《庆典》）

一看到这双凉鞋，马托就渴望得到她的爱："是不是，她每天夜晚上到她宫殿的平台？啊！石头在她的凉鞋底下应当颤动……"（第二章《在西喀》）萨郎宝的鞋子在所选用的材料种类和装饰的精美程度上都显得极为华丽："碧玉盖住她的尖翘的凉鞋。"（第三章《萨郎宝》）"一条玛瑙走道环绕着一个卵形浴池，精巧的蛇皮拖鞋和一只白玉水壶放在边沿……"（第五章《达妮媂》）"但是萨郎宝继续走动……她的衣服完全依照女神的服装式样……她的凉鞋用鸟羽剪成，后跟很高……"（第七章《哈米加·巴喀》）高跟鞋在古代并不常见，但在这里却可以把它理解为萨郎宝与女神的联系。这不禁让人联想到希腊剧院中专为扮演英雄和神的演员准备的高底厚靴。

为了夺取坦尼斯的面纱，马托和斯本迪乌斯必须在夜间执行任务，要爬上迦太基渡槽的墙壁，就需要一双合适的鞋子："旧日的奴隶道：'主子！你要是有胆子，我带你到迦太基去……带一把铁斧、一顶没有帽缨的军盔、一双凉鞋。'"（第四章《迦太基城下》）在去马托的帐篷取圣纱之前，萨郎宝穿上了一双蓝色的皮靴。这种情况让人想起《朱迪斯记》中的离别场景，当时《圣经》中的女主角朱迪斯前往敌营执行任务，准备引诱霍洛弗涅斯将军。但萨郎宝并没有反抗马托："马道抓住她的脚跟，那条金链爆裂了，分成两半飞出去，弹到营帐上就像蹦起来的蝮蛇一样……她把一只脚放到地上，发觉脚上的小金链条已经折断了。名门望族的处女们总是被教育把这些绊脚的金链条当成宗教的圣物去珍惜，因此萨郎宝红着脸，把两截断了的金链条缠在腿上。"（第十一章《营帐下》）此外，她的鞋子也让吉斯孔老头窥视到了她："萨郎宝才认出他就是吉斯孔老头……

利奥波德·莫里农的《奥德丽斯姬的浴室》，创作于 19 世纪，现藏于巴黎奥赛博物馆。

吉斯孔就是这样望见了萨郎宝。他从那些不断磕碰她半长靴的一粒粒印度闪色绿宝石，猜出她是一个迦太基女人。"（第十一章《营帐下》）

这里指的是一种用东方宝石打造的装饰品，上面有星星形状的金色标记。稍后，哈米加和他的父亲很快就猜出了事情的原委："发现她脚踝上的金链条断了。他打了个寒噤，可怕的疑窦涌上心头。"（第十一章《营帐下》）

魔洛神的仆人把哈米加的弟弟汉尼拔挑去祭神。为了保住儿子的性命，他的父亲用一个奴隶的孩子代替。他匆忙地为他准备好了可怕的仪式："……给他穿上有珍珠后跟的凉鞋——那可是属于自己女儿的鞋子！"（第十三章《摩洛神》）至于萨菲特·汉诺，他穿的是典型的职业鞋："……轿子停下，哈龙扶着两个奴隶，摇摇晃晃下了地。他穿着一双装饰着银月的黑毡靴。绦带捆扎他的腿，仿佛捆扎一具木乃伊，肉在交缝中间露出。"（第二章《在西喀》）

汉诺的鞋子虽然与众不同，但却与罗马贵族元老们的鞋子相似，他们穿的是封闭式黑色皮鞋，鞋口有一弯月牙。而平民参议员禁止佩戴月牙。

士兵们通常穿凉鞋，而纳尔·哈瓦斯人却穿鬣狗皮鞋："纳哈法进来，后面随着二十多人。他们披白色羊毛斗篷，佩带长匕首，系着皮领子，戴着木耳环，穿着鬣狗皮的鞋子。"（第六章《哈龙》）领导者一般都穿厚底靴："队长蹬着古铜厚底靴，坐在中央小道……"（第一章《庆典》）

"马道重新坠入忧郁，他的腿垂到地面，草打着他的高底靴，发出继续不断的窸窣。"（第二章《在西喀》）

但在斯本迪乌斯的怂恿下，他穿上了凉鞋，去迦太基大胆地偷取坦尼丝的面纱。斯本迪乌斯告诉他："有一天你杀进迦太基，两旁跪着大祭司，亲你的凉鞋。"（第五章《达妮媞》）

离开城镇时，他穿着拖鞋以示愤怒，又用力推开一扇关闭的门："人民看见他怒不可遏，欢喜得直跺脚。于是他脱下凉鞋，吐痰上去，拿它敲打动也不动的门板。"（第五章《达妮媞》）

在哈米加的战争记忆中，鞋子是最糟糕的："我的事情到了走投无路的时候，我们喝骡子的尿，吃我们的鞋带。"（第七章《哈米加·巴喀》）

马卡拉斯战役的准备工作凸显了鞋子的重要地位。哈米加非常重视鞋子："……他让人打造更短的佩剑、更结实的军靴……"在部队中，"他用投石器和匕首武装了两千名青年，还给他们发凉鞋。"（第八章《马加尔之战》）这相当于共有两千双凉鞋！再次看到大批量购买物品的场景："……每个人的右腿都有紫铜胫甲保护青铜脚套。"（第八章《马加尔之战》）鞋子每天都要接受检查："军官每天查看兵士的衣服和鞋……为着保护马蹄，用芦苇草绳给它们编了草靴。"（第九章《原野》）

要解释这种奇怪的踝靴，我们得从罗马说起。罗马人给他们的马和骡子穿上宽松的鞋子，这种鞋子穿脱方便。它们通常由简单的材料制成，如草绳或铁，有时也用银甚至金制成。

但在黑暗的战斗时刻，仍有近七千人面临着没有鞋子的问题："胸甲上的破洞靠四足动物的肩胛来填补，破旧的布带鞋取代了青铜军靴。"（第十四章《斧子隘》）福楼拜在描写马托和斯本迪乌斯在迦太基徒步行走时也提到了制鞋业："他们穿过皮匠街、缪丹巴广场、草市和席纳散街口。"（第五章《达妮媲》）

昔日的奴隶斯本迪乌斯原来是个心灵手巧的人："司攀笛同他谈起他的旅行、种族和他朝拜过的庙宇。他晓得许多事情，他会做凉鞋和长矛，会织网、驯兽、烧鱼。"（第二章《在西喀》）

富裕的哈米加参观了他的库房，那里弥漫着一股皮革的气味。他来到城墙里，亲自监督工匠的一举一动："他又走到花园的另一边，视察府第手艺人的窝棚，他们的产品都用来出售。裁缝在绣一口钟，有的人在织网，还有的人在装饰靠垫或裁剪凉鞋。"（第七章《哈米加·巴喀》）

福楼拜在一系列精彩绝伦的场景中，以马赛克镶嵌画般的细节为读者展现了古代鞋子的丰富多彩。萨郎宝在故事中的最后一次出场就是最好的例证，因此必须予以强调；这一刻，发生在她嫁给努米底亚王子纳尔哈瓦斯的那天，也就是她和马托去世的那天，这部分出现在小说的末尾。福楼拜用大量的篇幅对人物进行了散文描写，给萨郎宝穿上了华丽的衣服，却没有为她穿上鞋子。他只写道："有人递过一张有三级踏板的象牙脚蹬子，放到她的脚下。"（第十五章《马道》）这是否是福楼拜有意为之的预兆，意在与古代已知的灰姑娘神话（斯特拉波讲述的罗多皮斯传说故事）形成对比？这似乎是一个隐晦的暗示，即萨郎宝与灰姑娘不同，她没有找到适合自己的鞋子。

爱弥尔·左拉的《妇女乐园》

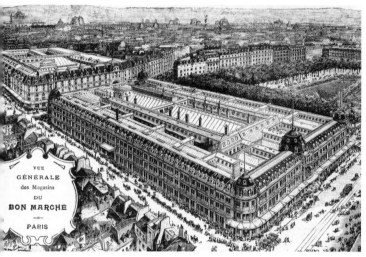

法兰西第二帝国时期，大型百货商店的出现改变了法国的国内贸易。百货商店可以向成百上千的顾客提供各种日常用品。销售条款也是别出心裁：商店只从按照固定价格出售的商品中获取薄利，但也会通过销量弥补差价。阿里斯蒂德·布西考特（Aristide Boucicau）来到巴黎赚钱时，起初只是一名卑微的雇员，后来成了一家杂货店的部门主管。1852 年，他在热门街区买下了一家 30 平方米大小名为乐蓬马歇百货的精品店。

从 1863 年起，商店的销售额就达到了 700 万法郎；到了 1877 年，乐蓬马歇百货已拥有多家门店。这家商店启发了爱弥尔·左拉创作《妇女乐园》这本书，该书于 1883 年出版。小说讲述了手工精品店被大型百货商店取代时，奥塔夫·莫瑞重新定义了现代商业。百货商店让莫瑞对女性虚荣心展开了深入研究。在百货公司的各个部门，鞋子部门享有特权地位：

玛尔蒂夫人特别热衷于新创办的各部。没有她来参加揭幕式是办不成一个新的部门的；她匆匆忙忙地走来，什么都买……然后她下楼到了靠街一层靠近大厅最里面领带部后面的女鞋部，这一个柜台是在当天创办的，那些陈列的玻璃柜子迷住了她，她站在那些天鹅绒镶边的白绸子拖鞋和路易十五式高跟白缎面的短筒靴子和鞋子前面迈不开步子了。

"啊！亲爱的，"她结结巴巴地说，"真是难以想象啊！他们有款式齐全的不平常的无边帽。我选了一顶给自己，一顶给我的女儿……还有那些鞋子，你说是吧？瓦朗蒂娜。"

"真是从未见过！"那个年轻姑娘表现得十分豪放，"那里有二十法郎五十生丁的靴子，啊！那些靴子！"

"昨日之鞋"：钱拉·德·奈瓦尔的《西尔薇》与亚兰·傅尼叶的《大莫纳》

《西尔薇》和《大莫纳》的出版时间相差六十年，两位作家对鞋子的看法各执己见，人们因此将两者联系到了一起。1853 年，小说《西尔薇》唤起了作者钱拉·德·奈瓦尔（Gérard de Nerval）对瓦莱州的美好回忆。钱拉·德·奈瓦尔对童年好友西尔薇的感情和阿德里安娜的神秘诱惑之间纠结不已；相比较而言，阿德里安娜更具吸引力。

为了寻找一种旧式蕾丝，西尔薇在姑妈的抽屉里翻箱倒柜：

> 她又在抽屉里翻找起来。哦！多么丰富啊！这一件感觉多么美妙呀；那一件闪闪发光，另一件闪烁着鲜艳的色彩并用珠饰微微装点着呢！两把略微破损的珍珠扇子、印有中国图案的罐子、一条琥珀项链、数不清的褶边和飘带，其中还有两只闪闪发光的白色小皮鞋，鞋扣上镶嵌着爱尔兰钻石！"哦！如果我能找到绣花长袜，我就想穿上它们！"
>
> 就在这时，我们展开了带绿色补丁的淡粉色丝袜；但姑妈的声音伴随着喋喋不休的炉子声，一下子把我们拉回了现实。
>
> "快下楼去！"西尔薇说，"不管我说什么，她都不允许我帮她脱鞋。"

和钱拉·德·奈瓦尔一样，《大莫纳》的作者亚兰·傅尼叶（Alain Fournier）

也把小时候喜欢的风景写进了小说。摩尔纳神秘失踪了三天，迷失在索洛涅最偏僻的角落。他来到一座庄园，走进一间废弃的房间，然后就睡着了。清晨醒来，他发现附近有一件旧衣服，就像是留给他的。

他看到的是一些服装，是为过去某个时代的风流男设计的：有带天鹅绒高领的长礼服，开口很低的时髦马甲，长长的白领饰，还有本世纪初出产的那种漆皮鞋。他都不敢用指尖碰它们一下。可是一番梳洗之后，他冷得直打哆嗦，便取下一件大斗篷披在身上，套在学生的罩衫外头，将打褶的斗篷领子竖起。他将那双带平头钉的靴子脱下，换上一双又轻又软的跳舞鞋。他光着个脑袋，准备好下楼。

这两位作家的共同之处在于不断地在梦境与现实中来回穿梭。两人都将过去与现在巧妙地结合起来；西尔薇和莫尔纳都有过发现老式皮鞋时的惊喜和愉悦。两位作家都打算让读者沉浸在童年和青春时代的幻想世界里。如今，这些世界也在快乐有趣的装扮艺术中得到重现。

皮埃尔·洛蒂的《菊子夫人》

我从他肩上望过去，我瞥见——从背影看——一个浓妆艳服的小玩偶，人们终于在一条僻静的街里把她梳妆打扮完毕，母亲也朝着那巨大的宽腰带、朝那腰部的褶裥瞧了最后一眼。一支银质的花插簪在她的黑发上颤动。落日最后一道惨淡的光照亮了她，有五六个人与她相伴而行……

不错，显然是她，茉莉小姐……他们给我带来的未婚妻……我奔到房东梅子太太和她丈夫住的楼下，他们正在祖宗祭台前祈祷。

"他们来了，梅子太太，"我用日语说道，"她们来了！快请准备茶、暖炉、火炭、太太们用的小烟斗和吐痰用的小竹罐！快把所有招待客人用的东西拿上来！"我听见大门打开了，于是重新上楼。一些木鞋放在地上，楼梯在不穿鞋的脚下吱吱作响……

上图　日本木屐由木头和稻草芯制成。制作于 19
世纪的日本。这是一款几个世纪以来形状仍保持不
变的传统鞋履。现藏于罗马国际鞋履博物馆。

下图　这是一双来自中国的儿童鞋，鞋头呈猫形，
采用丝绸绣花装饰，创作于 19 世纪，纪廉收藏，
现藏于罗马国际鞋履博物馆。

　　皮埃尔·洛蒂（Prerre Loti）去了一个当时的人们了解甚少的国家。他的文学
作品反映了他对异国情调的向往。皮埃尔·洛蒂于 1886 年访问日本，并在一年后
出版了《菊子夫人》。这部小说将读者带到了日本，作者在那里认识了未婚妻。
他严格遵守在进屋前脱掉木鞋的习俗，上楼便可以重新听见光脚走路的声音。

跨页图　这是温斯洛·霍默（Winslow Homer）1866 年创作的《前线的囚徒》中的一部分，现藏于纽约的大都会艺术博物馆。

"鞋与工作"：安德鲁·查姆森的《道路工人》

《道路工人》出版于1927年。安德鲁·查姆森（André Chamson）看到受雇在塞文山脉地区筑路的工人。他们在陡峭的花岗岩土壤上从事繁重的劳动，因此需要一双结实的鞋子：

> 一片狭长平坦的土地，似乎在这些皮肤黝黑、头戴黑毡帽的人面前都屈服了，黑毡帽被雨水和汗迹弄得很光滑；粗壮的男人穿着长袖衬衫，敞开领子，不打领带；露着深色的胸部，敏捷的男人穿着厚重的灯芯绒马裤，身后拖着红色或黑色罩袍。他们身材魁梧，穿着比花岗岩更坚硬的大皮鞋——真正的男人，就像那些建造教堂门框的人，收割时挥舞镰刀，把面包塞进烤箱的人，与季节和岁月为伴的人——他们的服装没变换过，他们为繁重的劳动而生，与阳光和雨水亲密无间，在变幻的灯光中艰难地踩在坚硬的石头上。

玛格丽特·米歇尔的《飘》

玛格丽特·米歇尔1936年创作的《飘》，由维克多·弗莱明于1939年改编成银幕电影，费雯·丽和克拉克·盖博等令人难以忘怀的演员出演。故事以美国南北战争（1861—1865年）为背景，讲述了北方（联邦）和南方（邦联）间的战争。

小说反复描写了人物的鞋子。有趣的是，在小说开篇时并没有提到过鞋子，那时所有人都很富裕。第一次提到鞋子是在战争期间斯嘉丽抵达亚特兰大时：

斯嘉丽站在火车的下级踏板上，穿着黑色丧服，黑绉面纱几乎飘拂到脚跟，形象苍白而动人。她怕弄脏了鞋子和衣裙，犹疑不定地站着，在马车、火车和单座车的喧闹纷乱中，搜寻着皮特帕特小姐的身影。

在这一点上，小说经常提到鞋子，而鞋子总是代表没落或富裕。因此，一个人的社会地位可以从他穿的鞋子看出来：

我们的士兵光着脚板上前线打仗，而这些人却穿着雪亮的靴子在我们中间走来走去。对这些我们难道能够熟视无睹吗？

与其他人的光脚相比，瑞德·巴特勒总是穿着崭新的靴子彰显他的优雅：

他竟敢骑着那样的骏马，穿着刷亮的靴子和漂亮的白亚麻衣服，抽着昂贵的雪茄，身子保养得那么好。而艾希礼和别的男孩子都正在跟北佬浴血苦战，他们正光着脚板，汗流浃背，忍受着饥饿的煎熬和疾病的折磨。

南北战争期间，南方士兵没鞋穿，这也是他们军队状态的主要特征之一。这一观察在很多地方都有提到。比如，梅兰妮看到艾希礼穿上军服后，他回答说：

"你说我像个流浪汉，你还得感谢你福星高照，你丈夫才没有赤着脚回家。我那双旧靴子到了上个星期，已经破得实在没法穿了，要不是我运气好，刚好打死两个北佬侦察兵，就只能让双脚裹着粗布袋回家了。那两双靴子中有一双正好合我的脚。"他伸出两只长腿，让大家欣赏那双疤痕累累的高筒靴子。

"另一个侦察兵的靴子不合我的脚，"凯德说，"比我的尺寸要小两号，现在还把我的脚卡得好痛，不过我总算能照样体体面面地回家了。"

"只怪这蠢猪太自私，不肯把它给我们两兄弟穿，"托尼说，"这种靴子给我们方丹家的贵族气派的小脚穿正合适。真见鬼！穿了这种粗皮靴我真不好意思回去见母亲。要是在打仗以前，我母亲甚至不会拿这种靴子给黑奴穿。"

"别担心,"亚历克斯说,眼睛看着凯德的靴子,"待会儿到了火车上,我们就从他脚上剥下来。见母亲我倒无所谓,我怕该死——我是说我不想叫迪米特·芒罗看见我的脚趾戳在鞋子外面。"

令人最感动的东西无疑是达西·米德从前线寄给父母的信。他在信中请求父母给自己找一双靴子,因为他最近刚升职,需要双合适的鞋子:

> "爸,你能不能想办法给我弄双靴子?我光着脚板已经两个星期了,眼下也没有指望可以得到靴子。我的脚长得太大,要不然也可以像别的男孩子那样,把北佬尸体上的靴子脱下来给自己穿。我至今还没有找到一双我能穿得上的靴子。你要是能弄到双靴子,千万不要寄来。因为路上会被人偷掉,我也没法责怪他们。你叫菲尔乘火车亲自送来……爸,你一定得想办法给我弄双靴子。我现在当了上尉了,当上尉的人,哪怕没有新军服和肩章,靴子是总该有的。"

> "斯嘉丽,我认为北佬会把我们打败。葛底斯堡那一仗就是结局的开始。后方的家里人现在还不明真相,不晓得我们的处境究竟是个什么样子,可是——斯嘉丽,我们的人现在是光着脚板的,而弗吉尼亚的积雪是深深的。我要是看见他们冻僵了的脚,拿破布和旧布袋裹着,看见他们在雪地上留下一个个带血的脚印,再看看自己脚上完好的靴子——噢,我会觉得我该把靴子送掉,也和他们一样光着脚板才好。"
>
> "哦,艾希礼,请答应我不要把靴子送掉!"

鞋子再次表明了一个人的处境。战争期间货币贬值,物价上涨,鞋子变得稀缺。因此,亚特兰大妇女不得不发挥想象力,为自己添置鞋子:

> 鞋子有用真皮做的,也有用纸板做的,价钱从200美元到800美元不等。女人都穿上了绑腿式的鞋子,鞋帮是拿旧羊毛围巾或者剪下旧地毯做的,鞋底用的是木头。

斯嘉丽在社会阶梯上的艰难爬升，这一点从始至终都可以从她的鞋子上看出来：

> 她的鞋底已经磨穿，已用破地毯补缀过。

而当斯嘉丽回想起过去的奢华时光时，她就会想起那双精致的摩洛哥绿皮拖鞋。

战争结束后，艾希礼迟迟没能回到塔拉，大家都不知道他的消息，焦虑万分：

> "可是别哭！艾希礼要回来的。路很远，他可能——可能脚上没穿靴子。"
>
> 斯嘉丽想起艾希礼光着脚板，自己也真想哭起来。就让别的士兵身上穿着破衣，脚上裹着破布袋破地毯条子好了，艾希礼却不能那样。他应该骑着腾跃的骏马回到家里，身上穿着漂亮的衣服，脚蹬雪亮的皮靴，帽子上插着羽饰。想到艾希礼竟然处于其他士兵同样的境遇，斯嘉丽真是感到难以忍受。

还有佩蒂姑妈这个角色，她在严肃的战争气氛中又增添了几分幽默。佩蒂姑妈的名字源于她的小脚，虽然她是个大个子女人，小说中的她却穿着一双窄小的鞋子，让她的脚显得肿胀肥大。

在《飘》中，玛格丽特·米歇尔主要从军事角度观察鞋子。她对军队鞋子短缺的分析发人深省，让人想起拿破仑的话："一个装备精良的士兵需要三样东西：一支好步枪、一件军大衣和一双好鞋。"

左图 伯恩－琼斯（Burne-Jones）的绘画作品《灰姑娘》，创作于 1863 年，使用水彩和胶水在纸上绘制而成，后粘贴于画布上。现藏于波士顿艺术博物馆。

夏尔·佩罗

这三个童话故事经过了无数次改编，让夏尔·佩罗（Charles Perrault）原本为成人所写的原著黯然失色。这部"鞋子三部曲"分别从以下角度来讲述：《灰姑娘》，即诱惑之鞋；《穿靴子的猫》，即外表和重新找回尊严之靴；《小拇指》，即力量之靴。只要你重读原著，便能深信不疑。

灰姑娘

故事以灰姑娘的玻璃鞋为核心：

教母用仙杖在灰姑娘身上轻轻一点……就送给了她一双玻璃鞋，这绝对是世界上最美的鞋子。

在舞会上：

> 年轻的姑娘陶醉在王子的情话里，连教母的嘱咐都忘到了一边。她以为时间还早，离十二点还早着呢，谁知时钟已敲了十二下。她立刻清醒过来，匆忙转身，不顾王子的追赶，往家的方向跑去。尽管王子使出了浑身的力气，还是没有追上，不过幸运的是他捡到了公主掉下的一只玻璃鞋。气喘吁吁的灰姑娘回到家的时候，马车和仆人都不见了，华丽的服饰也消失了，只剩下一身破旧的衣裳和一只玻璃鞋。

这个场景让人想起公元前 1 世纪斯特拉波讲述的洛多庇斯的故事（佩罗可能知道这个故事）。至于灰姑娘的脚比母鹿的脚更轻盈，这一形象来源于《圣经》中的许多经文，如《哈巴曲》第三章第 19 节（……他使我的脚快如母鹿的蹄，又使我在高处安稳……）、《诗篇》和《撒母耳记》。我们还想到了佛教故事中的帕德玛瓦蒂，她是婆罗门和一只母鹿的女儿，生来脚上便长有鹿蹄，并用丝绸包裹起来。回到灰姑娘丢失鞋子的故事：

> 两个姐姐很晚才回来，灰姑娘问她们玩得开心吗，那位公主有没有参加舞会；她的姐姐们说，那位公主来是来了，但是刚到十二点，就匆忙离开了。她走得那么匆忙，连玻璃鞋都跑丢了。那一定是世界上最漂亮的鞋子，要知道，王子捡到鞋以后，就一直对着它发呆，连跳舞都不感兴趣了。他一定是爱上那个穿玻璃鞋的公主了。她们没有说错，几天以后，王子就昭告天下：如果哪个姑娘能穿上那只玻璃鞋，他就娶她为妻。
>
> 所有的公主、女爵和宫廷里的小姐都试过那只鞋，但是没有人能够穿上。后来，有人把鞋拿到灰姑娘的姐姐那里，让她们试穿，但是她们用尽了吃奶的力气，也不能将脚塞到鞋子里去。一旁的灰姑娘认出了自己的鞋子，笑着说：
>
> "不如让我试试吧，也许我能穿上呢！"……这时，试鞋官看到了灰姑娘，觉得她很漂亮，为她解围说："王子说过，所有的女孩都可以来试。"于是，他让灰姑娘坐下，把玻璃鞋送到了她的脚边。只见灰姑娘不费吹灰之力就穿上了，而且鞋子非常合脚，像是专门为她定做的一样。两个姐姐

吃惊地张大了嘴巴。而灰姑娘没有理会她们，从口袋里取出了另外一只玻璃鞋，穿在脚上，两个姐姐简直惊呆了。

我们都知道这个美好的结局：

在他人的引荐下，王子再一次见到了精心打扮后的灰姑娘。王子觉得灰姑娘美极了，他遵守了自己的诺言，几天之后，就与灰姑娘结婚了。

这一大段摘自 1697 年在巴黎出版的夏尔·佩罗的原著，足以让我们明白其中对性行为的暗示。灰姑娘的"玻璃鞋"的象征意义就是说明了"为自己找一双合脚的鞋子"的意思。19 世纪初，雅各布·路德维希·格林对这个故事进行了改编，灰姑娘有两个内心丑陋的姐妹。她们的母亲命令大姐切掉自己的大脚趾，这样她就可以穿上王子的鞋子了；另一位姐姐切掉了一半脚跟。

第二天，王子带着鞋去找灰姑娘的父亲，对他说："我不要任何别的姑娘做我妻子，我只娶穿这只鞋刚好适合的那位。"一听这话两个姐姐可高兴啦，因为她们的脚生得挺美。老大提着鞋回房去试穿，她母亲站在旁边帮忙。可惜的是她的大脚趾穿不进去，对她来说鞋太小。母亲于是递给她一把刀，说："砍掉大脚趾！只要你当了王后，就用不着再走路了。"姑娘果真砍掉脚趾，硬把脚给塞进鞋中，咬紧牙忍住疼痛，出房来见王子。王子把她当作未婚妻抱上马，领着她走了。

王子只见鲜血已从鞋里涌出来，于是发现了这个骗局。他立刻把女孩送了回去，她的母亲又把第二个女儿送给了他。然而，鲜血再一次戳穿了谎言。最后，灰姑娘的纤纤玉足与鞋子的大小刚刚好，从此她与王子在宫廷里过上了幸福快乐的生活。

左图　御马者的靴子，又称"七里靴"，重为4.5千克。制作于17世纪末的法国。七里靴代表两个驿站之间驿卒所走的距离。该鞋现藏于罗马国际鞋履博物馆。

《穿靴子的猫》："从磨坊到城堡"

这个童话是佩罗借鉴让·德·拉·封丹的写作方式，创造了一只会说话的猫：

> "亲爱的主人，你用不着垂头丧气，只要你给我一个口袋，再给我一双靴子，让我能穿它们在树丛中走动就行了。到时候你会发现，你分得的这份财产，并没有想象的那么糟糕。"

上图 佩罗童话故事《穿靴子的猫》的版画，出自古斯塔夫·多雷19世纪的创作。

下图 亨利·特雷斯（Henri Terres）创作于1995年的《穿靴子的猫》，现藏于罗马国际鞋履博物馆。

这只吃老鼠的猫是磨坊主小儿子唯一的遗产，它穿上靴子时看起来就像个男人。

得到了自己想要的靴子，猫马上将它们穿在了脚上，并将口袋绑在了脖子上，然后用两只前爪将口袋上的绳子勒紧。准备好一切后，它跑到了一个有很多兔子栖息的树林里。

这双靴子原本是为了猫狩猎时穿的，为了保护它不被灌木丛伤害。但事实证明，猫为了躲避一个变成狮子的食人魔跳上屋檐时，而这双靴子却成了它的障碍。

见到妖精真的变成了狮子，猫被吓坏了，赶紧跳上了屋檐。由于穿着靴子，身体很重，猫跳起来非常吃力，更何况还要在屋檐上走几步，这对猫来说，是很危险的事。

《小拇指》故事中的七里靴功能强大，可以随时出发走很远的路，而这只聪明的猫的靴子却不一样，它的靴子更加适合一位熟练的"战略家"。后来它贫穷的主人当上了卡拉巴侯爵，一个富有的地主、领主，而且还是国王的女婿。

小拇指

《小拇指》是佩罗最受欢迎的童话之一，从18世纪开始多次出版，其中有许多不同的修改和删减。作者在文本中详细描述了一双七里靴的行程，这双七里靴是巨型食人魔使用魔法所不可或缺的配件，小拇指凭借非凡的智慧获得这双靴子。

食人魔的家是靴子行程的起点。当他看到七个女儿被自己误杀之后，食人魔对妻子说：

"快把我的七里靴拿来，我要去抓住他们。"

小拇指和他的哥哥就这样发现了食人魔七里靴的威力：

他们看到食人魔从一个山头走到了另一个山头，他跨过河流的时候就像是跨越一条狭窄的小溪那么轻而易举。

食人魔的七里靴对应了赫尔墨斯那双带翅膀的凉鞋，赫尔墨斯是希腊众神的使者，可以瞬间穿越天空。趁食人魔熟睡的时候，胆大的小拇指脱下了他的七里靴，获得了它们的力量。

小拇指走到了食人魔的身边，轻轻地脱下了他的七里靴，并套到了自己的脚上。七里靴本来是很大很长的，但因为这是一双有魔法的靴子，所以它会随着主人双脚的尺码变大变小，这双靴子一穿到小拇指的脚上就变得非常合适，好像本来就是为他量身定做的一样。

穿上这双神奇的靴子，他跑到食人魔的家，拿走了他的金子，并对食人魔的妻子说：

"现在情况危急，你看，他把七里靴也给我了，好让我穿着快点来找你……"

小拇指带着食人魔家里的所有钱财回到了自己的家。但佩罗对故事的结尾却语焉不详：

有许多人并不认同这个故事的结局……他们确信在小拇指穿上那双七里靴后，其实是去了王宫。小拇指知道在距离王宫两百里的地方有一支出征的军队正让宫里人寝食难安，他们的成败与否也叫人牵肠挂肚。他们说小拇指去找了国王，他对国王说，只要国王允许，自己就能在当天将战报带回来。国王答应小拇指，如果他真能办到，就给他一大笔赏金。小拇指当天晚上就把消息送了回来，这头一回的行动就让小拇指一举成名。小拇指还因此得到了自己想要的一切：之后国王又让小拇指向军队传达自己的命令，并给了小拇指相当丰厚的回报；许多太太对小拇指总是有求必应，因为她们希望能够得到自己情人的消息，这也就是小拇指财富的最大来源。也有几个妇人托小拇指给自己的丈夫送信，但她们付的钱很少，根本办不了什么事儿，所以小拇指也不屑把这些钱记在账上。当了一段时间的信使后，小拇指积攒了许多财富，于是回到了自己的家里，小拇指的家人见到他的时候都很高兴。

马车夫的靴子在 17 世纪又称为"七里靴"，与小拇指和他当国王信使的角色有关。在最后一段中，17 世纪的女性模仿古罗马女子，将情书托付给小拇指，这一段在给孩子看的版本中省略了。

夏尔·佩罗描绘了七里靴的威力，它让小拇指成为国王最好的信使，让他的家人摆脱了贫困。

后来，马塞尔·埃梅（Marcel Ayme）根据这些故事创作了《栖息的猫》的故事。他将七里靴放在巴黎蒙马特的梦境中，让梦境与现实相结合，从而赋予了这个故事现代的都市色彩。

在这三个童话故事中，佩罗让鞋子成为寻找幸福、荣耀、权力和财富的象征性配饰。

跨页图 佩罗童话故事《小拇指》中的版画，出自古斯塔夫·多雷 19 世纪的创作。

Un rire général salua cette chute.... (Page 79.)

塞居尔伯爵夫人的《小淑女》

　　塞居尔（Ségur）伯爵夫人，原名苏菲·罗斯托普金（Sophie Rostopchine），是一位俄罗斯裔儿童文学作家。她的苏菲系列三部曲包括《小淑女》《苏菲的烦恼》和《苏菲的假期》，是儿童文学的经典之作，以法兰西第二帝国时期为写作背景。

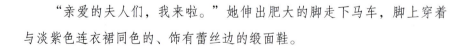

　　1857 年出版的《小淑女》详细描述了一位名叫菲西尼夫人的暴发户来到弗勒维尔夫人的乡间别墅时的场景：

　　　　"亲爱的夫人们，我来啦。"她伸出肥大的脚走下马车，脚上穿着与淡紫色连衣裙同色的、饰有蕾丝边的缎面鞋。

　　巴黎加列拉宫时尚博物馆收藏的一只淡紫色的罗缎短靴，类似于 1857 年版《小淑女》的图片上的那款。图上展示了菲西尼夫人摔倒之后，双脚朝天，脚上还穿着鞋子的场景。

上页图 《小淑女》的插图，贝尔托尔，阿歇特出版社。

跨页图 这是一双由米尔·迪·毛罗设计的紫丁香色短靴，制作于 1860 年左右，现藏于巴黎加列拉宫时尚博物馆。利夫曼摄影，PMVP 供图。

上图　一幅匹诺曹主题的绘画作品。

"脚与鞋"：卡洛·科洛迪的《木偶奇遇记》

卡洛·科洛迪（Carlo Collodi）的《木偶奇遇记》最初是以分期连载的形式出版的，该书在1883年连载完毕之后取得了巨大的成功。在书中，杰佩托制作的木偶在蓝发仙女的帮助下变成一位真正的小男孩——匹诺曹，他是一个长着木头脑袋的流浪汉，总是因为撒谎而陷入麻烦，因为不讲实话鼻子就会变长。作者在文中一共使用"脚"一词54次，"鞋"6次，动词"走"15次、"跑"13次、"跳"5次、"跃"4次和"爬"1次。这些词汇表明了匹诺曹可以灵活运用父亲杰佩托亲手为他制作的双脚在高山与峡谷中来回穿梭。研究匹诺曹在不同情况如何运用双脚，你便可以洞察他的内心：傲慢、漫不经心、防备，甚至愤怒。

匹诺曹的无礼从他出生那一刻开始就已经显露出来了：

> 如今还得把腿和脚做好，可是杰佩托刚把两只脚做完，就觉得自己的鼻尖上被猛踢了一脚。

父亲杰佩托教匹诺曹如何迈出第一步、如何走路之后，他表现得更加淘气了：

> 杰佩托抓住木偶，把他放在地上，教他学走路。匹诺曹双腿僵直，不会活动，于是杰佩托牵着他的手，教他如何先迈一只脚，再迈另一只脚。腿活动开后，匹诺曹就自己走了起来，在屋里到处乱跑。他来到门口，一蹦就蹦到了街上，撒腿就跑。杰佩托在后面追啊追，却怎么也追不上。只见匹诺曹在前面又蹦又跳，两只木头脚打在石板铺成的路面上，噼里啪啦，噼里啪啦，就像有二十个农民穿着木屐在街上走一样。

匹诺曹睡觉时由于马虎造成了严重的后果：

> 匹诺曹像只落汤鸡一样，灰溜溜地回到了家，又累又饿，连站的力气都没有了，只好坐在一只小凳子上，两只脚搭在火盆上，想把脚烘干。然而他却睡着了，熟睡中，他的木头脚着了火，慢慢地，慢慢地，先是变成了黑炭，然后就变成了灰，掉落在地上。

匹诺曹和朋友打架时，会依靠双脚来保护自己：

> 匹诺曹虽然是孤军奋战，却非常英勇。他的两条木腿转动如飞，让对手不敢靠近。这群男孩子只要挨上一下，就会留下一个痛苦的印子。

在《木偶奇遇记》中有这样一个特别的场景，一只螃蟹试图阻止冲突，它的声音就像"受了凉的长号"一样，匹诺曹对这只善良的螃蟹破口大骂。他恶狠狠地说道：

> "给我闭嘴，你这个丑螃蟹！你最好还是吃几片咳嗽药，治治你的感冒吧。"

最后，匹诺曹回到仙女和女仆身边时，感到愤怒不已，因为大蜗牛花了好几个小时才从四楼下来给他开门，他等得实在没了耐心：

> "嘿，有人在吗？"匹诺曹叫道，火气越来越旺，"门环没了不要紧，那我就拿脚踹。"他往后退了一步，照着门使劲儿就是一脚，结果踢得太猛了，把门都踢穿了，他的整个小腿都陷了进去。他想把脚拔出来，可费了吃奶的劲儿也没拔出来，他就这样好像被钉在门上一样，动弹不得。可怜的匹诺曹！他不得不一只脚站在地上，一只脚悬在空中，保持这个姿势度过了后半夜。

蓝发仙女在房间发现了半死不活的匹诺曹，这是猫和狐狸两位小人勾结所致的，于是她请来三名大夫为他看病：一位是乌鸦、一位是猫头鹰，另一位是蟋蟀。

> "我想请先生们告诉我，这个不幸的木偶是死了还是活着！"……听到仙女的询问，乌鸦走上前，搭了搭匹诺曹的脉，试了试他的鼻子，又摸了摸他的小脚趾，然后宣布："依愚之见，木偶已经死亡，不过倘若万幸未死，则完全可以肯定此人一命未绝。"

就匹诺曹的情况来看，医生通过检查他的小脚趾便给出了诊断。书中共讲了六次匹诺曹有关鞋子的情节，一次是和仙女的卷毛狗梅德罗有关，还有一次是与即将离开去玩具国的驴队相关。匹诺曹烧伤之后，杰佩托为决心去上学的匹诺曹重新做了一双脚：

> "我想立刻就去上学。"
> "那实在是太好了"。
> "不过上学得有套衣服才行。"

杰佩托的兜里连一个子儿都没有，于是用彩纸给他做了一套衣服，用树皮做了一双鞋，用面团做了一顶小帽子。尽管如此，匹诺曹还是逃学去了木偶大剧院，因为那里真是太吸引人了。因为他连买门票的四分钱都没有，所以向一个小男孩卖起了鞋子，但被拒绝了。

> "你想买我的鞋子吗？"
> "你的鞋子只能用来生火。"

蓝发仙女的卷毛狗梅德罗能够直着身子站立，跟人一样。卡洛·科洛迪给这只狗穿上迷人又优雅的服饰，让我们沉浸在幻想与惊奇的世界里：

> 卷毛狗一身宫廷侍卫打扮：头上歪戴着一顶镶着金边的三角帽，白色假发的发卷儿一直垂到手腕；上身穿一件漂亮的巧克力色的天鹅绒大衣，衣服上钉着钻石扣子，两个大口袋随时揣着可爱的女主人吃饭时赏给它的骨头；下身穿一条大红色的天鹅绒短裤；脚上套着一双丝袜，蹬着一双浅口便鞋；尾巴上套着一个蓝缎子做的套子，防止下雨时被雨淋湿。

作者的灵感源于 18 世纪的时尚服饰，即裤子、丝袜和平底鞋。后来，匹诺曹又碰上了狐狸和猫，便跟随它们去奇迹田种那四枚金币了：

"咱们到了，"狐狸对匹诺曹说，"在这儿挖一个坑，把金币放进去。"匹诺曹按照做了。他挖好了坑，把四枚金币放进去，小心地盖上土。"现在，"狐狸吩咐道，"你到附近的水渠取一大桶水来，浇在你种金币的地方。"匹诺曹严格执行命令，由于没有水桶，他就脱下一只鞋，装满水，浇在盖住金币的土上。

为了展示匹诺曹的天真幼稚，这里再次提及这个临时浇水壶：

来到奇迹田附近，他停下脚步，想看看有没有一个挂满金币的葡萄树。什么也没有……他走到水渠边，把鞋子装满水，又一次把水浇到盖着金币的土上。

在匹诺曹前往玩具国的故事中，乘坐驴车的场景让人印象深刻，车队有二十四只小毛驴，每只小毛驴有四个蹄子，都穿着短靴；总共四十八双短靴，一共就是九十六只短靴！

接人的车子终于到了。车轮上都裹着稻草和破布，所以一点儿声音都没有。拉车的是十二对大小相同但颜色各异的驴子。它们有的是灰色的，有的是白色的，有的则介于黄褐色和黑色之间，有几头身上还有几道黄色和紫色的条纹。不过最奇怪的却是这二十四头驴子并没像其他拉车的牲口那样钉着铁掌，而是穿着皮鞋，就像孩子们穿的系鞋带的鞋子一样。

这些短靴象征着小男孩们之前的状态，他们就是因为懒惰而变成了驴子。但匹诺曹的良善之心帮助自己克服了顽皮。懒惰的匹诺曹变成了一个努力工作的人，他决定用自己的积蓄买鞋：

一天清晨，他对爸爸说："我想到市场上去一趟，给自己买一件衣服、一顶帽子和一双鞋子。"

匹诺曹终于不再是个木偶，变成了一个真正的男孩。他在梦中见到了仙女，仙女原谅了他的调皮捣蛋，还表扬了他的行为：

> 就在这时，匹诺曹醒了，眼睛睁得大大的。然后他看了看全身，发现自己不再是一个木偶了，而是已经变成了一个真正的孩子，他是多么惊喜啊！他环顾四周，结果看到的不是见惯了的稻草墙，而是一个装饰得很漂亮的小房间——他还从未见到过那么漂亮的房间呢！他一下子就从床上跳下来，朝旁边的椅子上望过去，只见椅子上放着一件漂亮的新衣服、一顶新帽子、一双小皮靴。

从此，匹诺曹从懒惰的奴役中解放出来，获得了尊严。他不再赤脚行走；从他脚上的短靴便可以明显地看到他目前所处的境况。

"天啊，高跟鞋！"：马塞尔·埃梅的《捉猫故事集》

马塞尔·埃梅的《捉猫故事集》带着读者走进了法国乡村，以清晰、自然而新颖的写作风格讲述了两姐妹苔尔菲娜和玛丽奈特的故事。两人过着平淡的生活，两人的生活围绕着学校和农场。直到她们的表姐芙洛拉来访，穿着高跟鞋看起来像只傻鹅。从那时起，女孩们开始关注起人们的穿衣风格以及带褶边的饰品：

> 一天，苔尔菲娜和玛丽奈特告诉父母她们不想再穿木底鞋了。事情是这样的，她们十四岁的表姐芙洛拉住在大城市，最近刚拿到毕业证书，她的父母给她买了一块手表、一枚银戒指和一双高跟鞋……因此，芙洛拉离开的第二天，两个小女孩就摆出了一副自信满满的样子来到父母面前，苔尔菲娜对他们说："你们想想，木鞋真的不太实用了。它们不仅会硌脚，还会渗水进来，但别的鞋子就没这么多风险，如果鞋跟稍微高一点的话，鞋子还会更加漂亮呢……"
>
> 父母深吸一口气，眉头紧皱地注视着女儿，用一种可怕的语气回应她们。此后，小女孩们再也不敢对父母讲关于头发、裙子或鞋子的事情了。

然而，每当她们独自去上学、在牧场照看奶牛或在树林里采草莓时，她们会在木底鞋里放上石头来增加鞋子的高度，还把衣服反着穿，给人一种换了装的假象，并用绳子束好头发。

这篇作品创作于 1939 年，它通过巧妙地结合过去与未来而极具时代性。作者凭借自身的观察天赋轻松而自然地剖析了许多年轻女孩迫切渴望迈入成年的心理；其中，象征着诱惑的高跟鞋便深深吸引着她们。与此同时，作者还通过情绪记忆的力量，就像一面真正的魔镜，带领成年人回到他们的童年世界。

跨页图　克里斯蒂娜·塔拉雷斯（Christina Tarares）创作的插图《天啊，高跟鞋！》。

19 世纪弗朗索瓦·邦万（François Bonvin）的画作《鞋匠的工坊》，现藏于贝雷斯美术馆。

第6章
鞋子与艺术

　　虽然鞋子这种日常必需品是为人们行走而设计的，但它所具备的审美特质可以提升其艺术价值。鞋子作为一件艺术品，可以展示创作者的个性，但更为重要的是，它能展现鞋匠们的设计理念和手艺，这对任何鞋匠来说都是如此。鞋子也是一种无穷无尽的图像资源，丰富了世界各地艺术家的想象力，无论这位艺术家是从事绘画、雕塑、装饰还是造型艺术。因此，本书这一部分主要侧重于视觉呈现，致力于展示众多经过艺术灵感改造的精致鞋履。

　　1832年，德拉克洛瓦（Delacroix）前往北非旅行，这段经历对他的职业生涯产生了重大影响，改变了他的视野、技巧和美学观念。莫里斯·塞鲁拉兹（Maurice Serullaz）在《德拉克洛瓦》中列举了这位艺术家带回的各种物品：

　　　　其中包括五双拖鞋、十一双带有双层鞋底的拖鞋、一双小码女士拖
　　　　鞋、一双普通女士拖鞋、一双无跟男士拖鞋以及四双靴子。

1832年1月24日，德拉克洛瓦快要抵达丹吉尔时，便给菲利克斯·格鲁勒马

尔代特（Félix Grullemardet）写了一封信。他在信中分享了自己看到的鞋子：

> 亲爱的朋友啊，经过十三天的艰苦跋涉，我站在了非洲河畔，全身湿漉漉的，饱览景色，这是我们与摩洛哥帝国首次接触的地方。今早，我有幸目睹了一艘装满摩洛哥人的船靠近我们的护卫舰，他们已经联系过领事要来接我们。这些人穿着各种迷人的服饰，有点像在巴黎看到的巴巴利海岸的服装，不过男人们都会露出双腿双脚，只有贵族才穿拖鞋。

德拉克洛瓦认为鞋子并不是一件多余的配饰。但是，根据他1838年写给乔治·桑（George Sand）的信中所言，他所持的观点却恰恰相反：

> 我整天都在巴黎到处奔波……今晚，我会尽量去见你，帮你穿上鞋子；我喜欢拖鞋、长筒袜还有阿拉伯风格的双腿。如果我见不了你，记得通知我，最亲切的问候！

亨利·特雷斯

亨利·特雷斯，1948年出生于奥兰。他受到超现实主义的影响，开始致力于绘画和平版印刷术，并于1990年展示了自己的首批雕塑作品。这些雕塑主要由金属（包括铁、钢和青铜）制成，惟妙惟肖，栩栩如生。起初，艺术家是通过焊接再生材料来组装作品的，然后对其进行重新切割和抛光。最后，亨利·特雷斯还会对雕塑进行彩绘，宛如绘画一般。不过后来他还觉得再生材料有些单调，于是在1992年改用厚重的金属板。而他最常描绘的两个主题便是人脸和动物。

1995年，特雷斯在罗马国际鞋履博物馆展出了一系列雕塑作品。他幽默地称这个系列为"花哨的鞋子"，其主题为七宗罪。展览还包括了由碎石和树脂混合制成的浅浮雕，它们是经过多彩绘制或丙烯酸漆涂装之后，再进行抛光完成的。其中在创作雕塑作品的第一阶段就要打造画框，并与浅浮雕一起涂装，这是每件雕塑作品不可或缺的一部分。

那年，特雷斯也参加了在巴黎纳瓦拉画廊举办的"罗杰·维维亚与他的世界"

上图 德勒斯登陶瓷的一双宫廷陶瓷鞋，制作于19世纪，现藏于罗马国际鞋履博物馆。

下图 一个形如木底鞋的鼻烟盒，现藏于拉迪的乡村民间艺术博物馆。

联展。此次展览汇集了塞萨尔等多位艺术家的作品。

贝鲁蒂公司保留了3000多个木质鞋履模型，这是为名人和匿名顾客定制的。

如今，奥尔加·贝鲁蒂正对这些鞋履模型进行修复和装饰，她选择了与每位顾客个性相符的织物和刺绣图案进行装饰。她用灵巧的双手把这些鞋履模型变成祈愿物，它们本身也是焕发着生机与活力的艺术品。

奥尔加·贝鲁蒂从事电影行业的服装设计师（这是她另一方面的才华）长达二十年。她不断寻找设计灵感，致力于展示人们独特别致的一面。

上页图　一双结婚时穿的木底鞋，制作于 19 世纪。现藏于拉迪的乡村民间艺术博物馆。

上图　欧仁·德拉克洛瓦（Eugène Delacroix）于 1832 年的画作《摩洛哥拖鞋》，现藏于巴黎卢浮宫。

上图　文森特·梵高的画作
《一双鞋子》，创作于 1886
年秋季的巴黎，现藏于阿姆
斯特丹梵高美术馆。

上图　文森特·梵高的画作《一双皮鞋》，创作于 1888 年，现藏于阿姆斯特丹的梵高美术馆。

下页跨页图　米罗于 1937 年创作的《静物和旧鞋》。

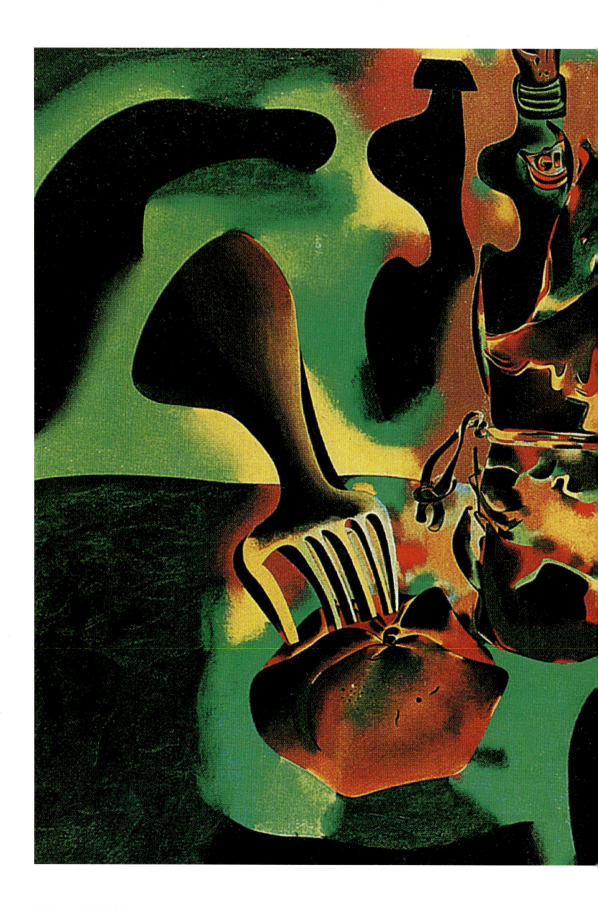

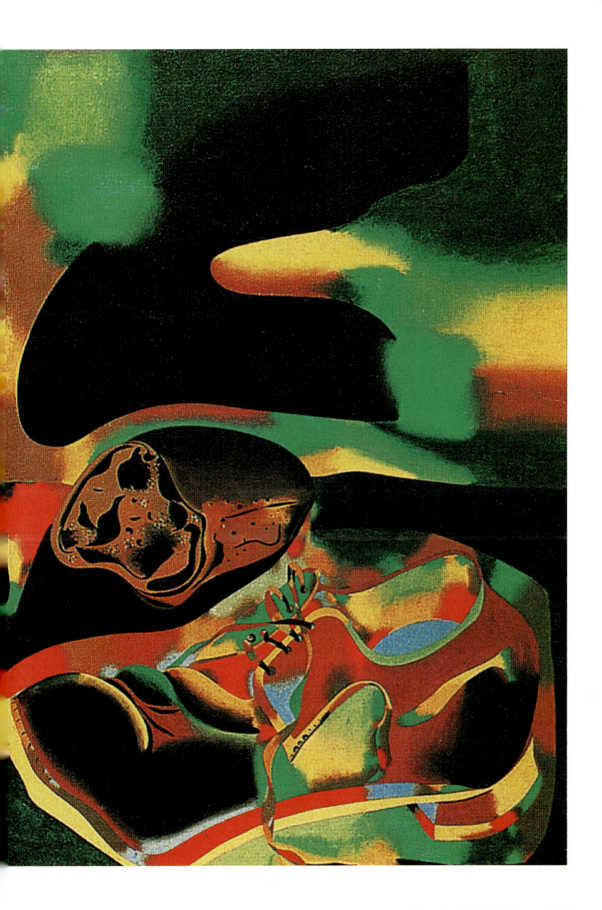

阿罗约（Arroyo）于 1970 年创作的《西班牙骑士》，现藏于米兰的博尔戈尼亚美术馆。

上图　马格里特（Magritte）
1937 年创作的作品《红色模
型 III》，现藏于鹿特丹的博伊
曼斯美术馆。

下图　马格里特 1935 年创作
的作品《解除武装的爱》，现
由私人收藏。

跨页图　斯奇培尔莉工作室 1937
年冬季设计了一款形如鞋履的帽子。

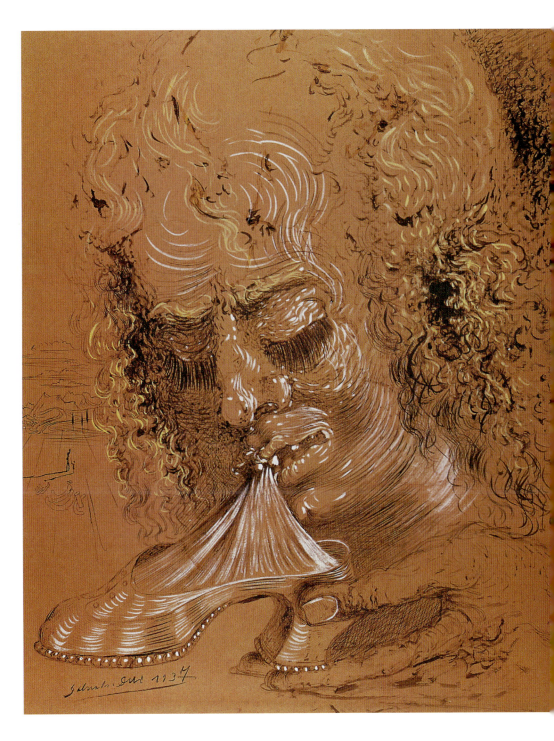

上图 达利 1937 年创作的《同类相食》，
现由私人收藏。

上图　沃霍尔 1950—1953 年创
作的作品《鞋子》，现由何塞·穆
格拉比收藏。

跨页图　沃霍尔 1980 年创作的作
品《托尼鞋》，现由何塞·穆格拉
比收藏。

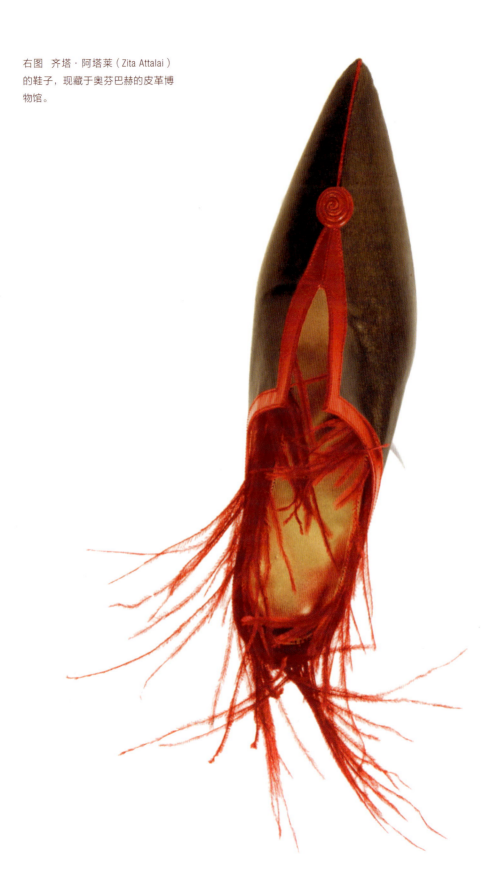

右图 齐塔·阿塔莱（Zita Attalai）
的鞋子，现藏于奥芬巴赫的皮革博
物馆。

上页上图　齐塔·阿塔莱的鞋子，现藏于奥芬巴赫的皮革博物馆。

上页下图　克里斯汀·克罗扎特（Christine Crozat）设计的玻璃高帮皮鞋，创作于 1997—1998 年的巴黎，现藏于罗马国际鞋履博物馆。

上图　由贝鲁蒂创作的《感恩》。

上图　这是亨利·特雷斯 1995 年创作的"古生物学"或"鞋的骨架"，现藏于罗马国际鞋履博物馆。乔尔·加尼耶摄影。

下页上图　法国设计师安娜·玛丽娅·贝雷塔推出的穆勒鞋，金属鞋跟形如蹲着的巨人，现藏于罗马国际鞋履博物馆。

下页左图　这款鞋子是根据费尔南德·莱热的一幅画创作的，采用白色天鹅绒和釉上黑色的小牛皮制成，特别突出了脚趾部位，配有金属轮和螺旋状的金属高跟，创作于 1955 年左右，现藏于罗马国际鞋履博物馆。

下页右图　这双鞋子的创作灵感来源于毕加索的一幅画，属于佩鲁贾风格。采用红色和蓝色的小羊皮制成，鞋子的前半部分设计成脚指形状，配有金属弧形装饰和几何形状的高跟，创作于 1955 年左右，现藏于罗马国际鞋履博物馆。

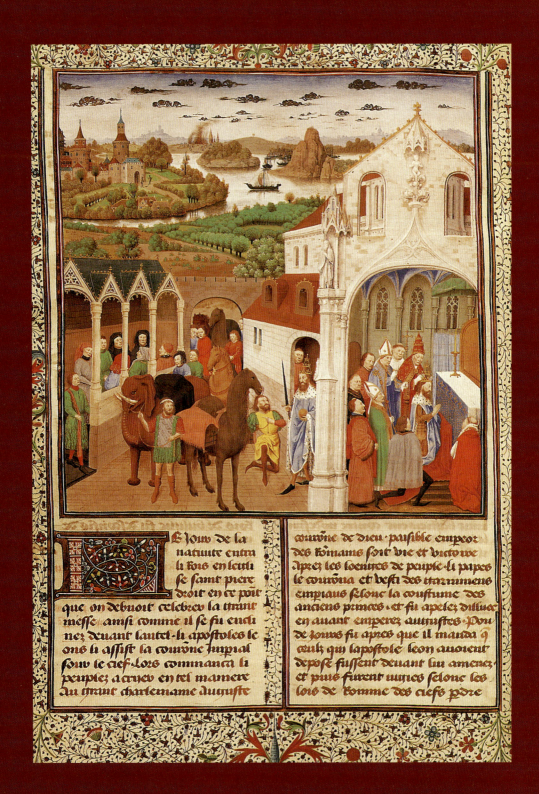

上图 《查理曼大帝加冕礼》插图，出自《法国伟大的编年史》，创作于 15 世纪中期，现藏于圣彼得堡的艾尔米塔什博物馆。

▮ 附录

洛多庇斯的故事

　　有位名叫洛多庇斯的名妓在尼罗河洗澡的时候，一只鹰突然飞了下来，攫走了她放在附近的一只凉鞋。这只鹰将鞋子带到孟斐斯时，不慎将鞋子落在了正在审讯案件的法老的膝盖上。法老为这只凉鞋的精致和优雅深深着迷，于是立刻派人在埃及寻找它的主人。最后，法老找到了她，还娶她为妻。这个古老的传说是斯特拉波在公元1世纪时讲述的，比起夏尔·佩罗在17世纪写的《灰姑娘》要早很多。

皇后之脚

　　任何一位年轻的女人都有机会成为拜占庭宫廷的皇后。候选人评选的标准包括美貌、魅力、智慧以及小脚。这一传统一直延续到公元11世纪，在这一传统中，宫廷公主会庄重地将一双镶有珍珠并装饰着翅膀的红鞋交给那位幸运的女人。

禁止穿"波兰那"式尖头鞋

1.查理五世下令禁止国王秘书和公证人员穿尖头鞋。

2.查理五世颁布法令，禁止"任何有地位或有职位的人穿着'波兰那'式尖头鞋，如违反规定将处 10 弗洛林罚款，因为这种炫耀的行为不仅违背了礼仪，而且还是对上帝和教会的不敬，显得特别浮夸，自以为是"。1215 年，法国红衣主教柯森禁止一位来自巴黎大学的教授穿着这种鞋子。

3.教宗诏书（乌尔班五世）。教皇诏书严厉告诫了神父和修道士，批评他们在服饰上炫耀奢华，教皇乌尔班五世尤其对他们穿"波兰那"式尖头鞋的行为进行了批评。

4.拉沃尔会议。拉沃尔会议禁止教士穿尖头长靴，还禁止他们的仆人穿"波兰那"式尖头鞋。

大脚丫贝特拉达

贝特拉达是查理曼大帝的母亲，她的一只脚比另一只脚要大许多，因此人们她称为"大脚丫贝特拉达"。

查理曼大帝的脚长 32.4 厘米，他和戴高乐将军一样都穿 48 码的鞋子。根据皇家命令，官方以查理曼的脚长为计量单位，这一直沿用到 1795 年采用公制系统为止。

贝特马尔的靴子传说

12 世纪，摩尔人入侵时，阿列日的贝特玛尔山谷成了基督教的抵抗中心。正是在这个时候，摩尔领袖博德比特爱上了埃斯克莱利斯，但她与一位名叫丹纳特的年轻人订下了婚约。丹纳特召集了反抗者一起抵御入侵者，在山区占据阵地；其中一人被敌人抓住，敌人把他吊起来，头颅朝地，用靴子鞭打直至昏迷。与此同时，生性潇洒、为人肤浅的埃斯克莱利斯——她名字的寓意为"百合之星"——抵挡不住诱惑，便与博德比特私奔，一起共度美好快乐的时光。她欺骗未婚夫，

上图　一幅来自 13 世纪的马赛克镶
嵌画，详尽描绘了挪亚方舟的故事，
现藏于威尼斯的圣马可大教堂。

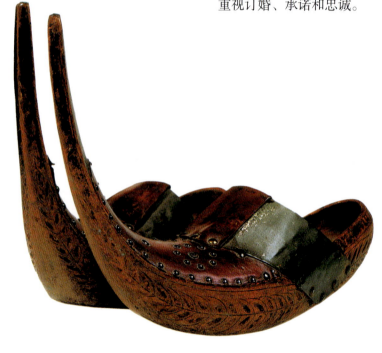

这在某种程度上还是与敌国勾结。不久，丹纳特和他的手下便占领了摩尔人的营地，抓住他们并铐在链子上。后来，丹纳特命令所有未婚女孩排好队等待他审查。他检查时脚上穿着一双奇怪的靴子，靴头又长又尖，还挂着两块肉串。这是博德比特和埃斯克莱利斯的心脏，丹纳特还把他们的尸体抛给了凶猛的美洲狮。

自那时起，在贝特玛尔山谷订婚的夫妇就会为自己和他们的未婚配偶制作类似的靴子，并用黄铜钉装饰成心形图案：据说，爱得越深，钉子就越尖利。这一订婚礼物其实是用以提醒未来夫妇要重视订婚、承诺和忠诚。

上图　这是来自阿列日的贝特玛尔山谷的一双木底鞋，制作于 18 世纪，采用木质材料，并用钉子装饰成心形图案，由纪廉收藏。

下图　这是来自阿列日的贝特玛尔山谷的特色木底鞋。这是未婚夫送给年轻女性的礼物；鞋尖越高，代表着爱意越深沉。该鞋现藏于拉迪的乡村民间艺术博物馆。

继圣克利斯平之后的鞋匠兄弟

1645 年，在 17 世纪的巴黎这一背景之下，三位来自截然不同世界的人走到了一起，他们以圣克利斯平和圣克利斯皮尼安为榜样，成立了鞋匠兄弟会。

这三位男人分为是：亨利·布赫（Henri Buch），1598 年出生在比利时卢森堡阿尔隆一个贫穷的家庭，他在叔叔的作坊里学习制鞋技艺；加斯顿·德伦蒂（Gaston de Renty），1611 年出生于法国诺曼底的贝西博卡奇，他是路易十三的弟弟奥尔良公爵的教子，家境富裕，却选择遵守福音中的美好准则，过着节制的生活；让 – 安托万·勒瓦切（Jean-Antoine le Vachet），1601 年出生于多菲内省伊泽尔河畔罗芒的一个小镇上——这里的制革工和轻革矾鞣工人（他们采用一种特殊的明矾制剂）赚得盆满钵满，来自中产阶级家庭，是位受过高等教育的牧师，他效仿圣文森特·德·保罗在巴黎执教，并与保罗成为好朋友。

他们的工作坊位于蒂克桑德里街，这条街处在里沃利街和罗博街的交叉口，靠近当时正在兴建的豪华联排别墅。它就像 17 世纪巴黎劳工世界中的一个虔诚的世俗兄弟会。三位创始人还有一个共同目标，那就是消除极端贫困的根源。为了实现这一目标，这几位志愿者便努力解决当时社会存在的问题，并按照以下方式分配工作。

亨利·布赫对该行业的知识了如指掌，因而人们称他为"聪明的亨利"或"智者"。他是车间的领导，主要负责管理整个车间。社区赞助人加斯顿·德伦蒂认为，这还不足以满足医院和监狱中穷人和边缘化群体的迫切需求。他通过积极宣传工作的价值，倡导他们重新融入社会，这一想法在当时是十分前卫的。让 – 安托万·勒瓦切这位顾问兼灵性导师既是沉思者，又是传教士，他同样也支持以个人和群体虔诚形式的工匠模式。起初，他们只有七个人；后来，他们与已婚信徒和前社区成员进行结盟，努力将该模式带到图卢兹、里昂，甚至其他国家。

鞋匠兄弟们穿着朴素（那个时代的工人服装包括罩衫和围裙），他们没作任何宣誓，过着自由自在的生活。他们每周工作六天，从早上五点一直工作到晚上八点，遵照固定的日程安排工作。每天开始工作前，他们会进行献祭、朗读祈祷，然后开始冥想。随后，他们便前往车间，想象耶稣与约瑟夫一同工作的场景。他们还要轮流代表整个社区参加弥撒。按照修道院的规章制度，在用餐期间还会有朗读文章的环节。短暂的休息时间让他们能在新皮革、染料和抛光剂之间交谈一番，然后他们又拿起锤子和钻孔工具继续工作。这些谦逊的工匠在上帝的眼皮底下工作，最后还将成果奉献给上帝，这对他们来说就足够了。而他们的工作行为也证实了这一点：他们一边打磨皮革，一边唱着圣歌，同时还能生产出高质量的鞋子来保持良好的声誉。

牧师、工匠和绅士齐心协力帮助那些最需要帮助的人，包括穷人、病人以及囚犯，因为他们是世上最贫穷的人。三十年战争和投石党运动导致贫困人数急剧上升：从 1648 年到 1651 年，首都和郊区有超过 10 万名乞丐和流浪汉，因此许多人都被关押在巴黎综合医院，人们认为这是一股可怕的力量。17 世纪的监狱环境对罪犯和无辜者来说如同地狱一般。

监狱并不适合人类居住。囚犯们身上爬满虫子，戴着沉重的脚链，赤足而行。瓦歇神父努力让更多人获得释放。鞋匠兄弟虽然面对重重困境，但仍然积极帮助那些陷入绝望的人，教他们如何制鞋以便重新开始生活。出于热情服务和慷慨解囊，社区还为残疾人和无家可归的人提供就业机会。

鞋匠兄弟深知善举从不受人关注。如今，我们之所以能了解到他们的模范行为，要归功于尤金·德布泰（Eugénie Debouté）及其卓越的著作《无炉无家：方会时期的精神领袖让－安托万·勒瓦切的故事》。

戈迪洛鞋的来源

亚历克西斯·戈迪洛（Alexis Godllot），1816 年出生于贝桑松。1854 年，他成为一名军需供应商，致力于研发制鞋机器所需要的设备，并在圣图安、波尔多、南特以及巴黎罗什舒阿尔街开有多家工厂。戈迪洛鞋重达 3 千克，所以这对需要每天要行进 25 至 30 千米的士兵来说并不轻松。该鞋的商业售价为 7 法郎，但军队为它们支付了 8.25 法郎。戈迪洛发了一笔横财，还获得了荣誉军团勋章，他便退休来到耶尔，耶尔火车站附近的棕榈树林大道就是以他的名字来命名的。

右图　19世纪罗马艺术家西奥多·里维尔创作的
青铜雕塑作品《鞋匠》。

LE SAVETIER
Par Th. Rivière
MÉDAILLE AU SALON

简史：鞋匠与修鞋工

制鞋技艺很有可能在史前人类想到利用原始切割和组装兽皮来保护自己的脚之前就已经存在了。古埃及人很可能是最早从事这一行业的人，因为纽约大都会艺术博物馆收藏了一幅来自古埃及第十八王朝（公元前1567—前1320年）的复原壁画，它描绘了一位正在工作的凉鞋工匠。

希腊制鞋业的繁荣兴盛带动整个村庄的发展，比如西锡安，那里生产的鞋子价格十分昂贵。来自公元前500年的希腊陶瓷上绘有一位鞋匠正在作坊修补鞋子的画面，该作品现藏于牛津大学阿什莫林博物馆。古罗马时期，国王努马·庞皮里乌斯（Numa Pompilius，公元前715—前672年在位）将公民分为九个集团，其中鞋匠在拉丁语中称为"sutores"，位于工匠排名第五位。因此，罗马的制鞋匠不是奴隶，而是公民，他们在店铺里工作。来自公元前2世纪的奥斯蒂亚浅浮雕上描绘了一位制鞋匠正在工作的场景，该作品现藏于罗马国家博物馆。

虽然在绘画、陶器和雕塑中有许多描绘古代文明时期制鞋的图案，但鞋匠一词的法语"cordonnier"的词源只能追溯到中世纪。"cordonnier"最早出现于11世纪，借用了"cordouannier"（它在15世纪演变为"cordonnier"）一词，"cordonnier"既指在科尔多瓦加工皮革的人，也指使用该皮革的鞋匠。而这些鞋子通常供贵族使用，修鞋匠制作的鞋子则较为简朴。中世纪，鞋子的价格十分昂贵，这也解释了那时的鞋子为什么会出现在遗嘱和公证文件中，并成为封建领主在财产遗嘱中赠予臣民和修道院的一部分。

从12世纪开始，制鞋业在法国快速发展，这至少为四个行业提供了就业机会，每个行业都有自己的特长和规章制度。它们分别是鞋匠、皮革制作工人、自己采用晒黑的羊皮来制鞋的匠人和修鞋工。

只有鞋匠才知道制鞋的秘密，他们生产昂贵的鞋子，并有权给鞋履贴上自己专属的标记。皮革制作工人负责对皮革进行最终处理并且缝制鞋匠事先剪好的鞋底。自己采用晒黑的羊皮来制鞋的匠人专门制作小码的软鞋，他们只能使用自己准备的巴萨尼粗纺毛绒斜纹织物，禁止使用其他任何皮革。对于修鞋工来说，他们只简单地修补旧鞋，更换或修补鞋底和鞋面。大众还给他们取了各种各样的绰号，比如"鞋铺制造商""皮革金匠""库瓦齐埃"以及"波贝利尼人"。

10世纪至11世纪期间，这些工匠联合起来成立了工会，这是一种将商人、工匠和艺术家聚集在一起的劳工组织。13世纪之前，工会一直在西欧北部盛行，直到11世纪末，它才演变成公司，从那以后便开始拟定规则并监督各个领域的遵守状况，包括定价、质量、生产、工作时间以及学徒的接受程度。后来他们还将这些学徒称为同事。学徒跟随师傅学习手艺期间，还要进行一次"游学"，旨在通过与其他师傅一起工作来拓展自己的学识，这种培训教育通常要持续六至九年，但从17世纪开始，游学时间便限制在十八个月之内。年轻人经过培训之后，将在考官面前展示一件出色的作品以此证明自己的手艺。学徒通过考试，便可获得大师的头衔，并有资格加入协会。

1379年，英明的查尔斯国王在巴黎大教堂建立了鞋匠兄弟会。鞋匠们把圣克利斯平和圣克利斯皮尼安奉为圣人。17至18世纪期间，兄弟会放松了对鞋业的管制，这就解释了为什么鞋匠可以在他当学徒的同一所城镇开设自己的店铺。最终，该行业根据鞋子的种类划分了不同的组别，每个组别只能生产指定的鞋子类型。于是就有了男鞋匠、女鞋匠、童鞋匠、靴子匠、只使用小羊皮材质的鞋匠，最后还有修鞋匠，也称为补鞋匠。

一位名叫勒塔洛尼耶的鞋匠制作了木质高跟鞋。模具制造者负责为鞋匠制作模具和鞋楦时，他们不会起立，也不会宣誓。由于没有师傅的指导，很多人就是自己的鞋匠师傅。制鞋社区的陪审员试图控制他们，但徒劳无效。让·德·拉·封丹在其著名的寓言《补鞋匠和金融家》中描述了补鞋匠的生活方式。17世纪的版画描绘了鞋店里制鞋匠和顾客之间存在明显区别的场景。这些画作通常展示的是师徒二人在宽敞的空间为顾客测量脚型的场景，鞋子的优雅可以彰显他们的社会地位。但在现实中，鞋店是开在大街上的：背靠一座房子，只能容纳两人。至于狄德罗和达朗贝尔的《百科全书》中的说明性图版，则介绍了18世纪制鞋业所使用的工具，并附有注释，这对我们了解18世纪的制造艺术很有价值。在法国大革命的前几年里，制鞋匠的店铺生意兴隆。作家塞巴斯蒂安·梅西尔记录道："他们身着黑色服饰，头戴涂了粉的假发，看起来就像法院书记。"19世纪，该行业变得有条不紊，最终成立了鞋匠和制靴工人协会。由职责同伴赞助的环法自行车赛是一项巡回半工半读的计划，让学徒能够在一系列称之为"职责之城"或"服务之城"的法国城镇逐渐精通贸易。

1829年，蒂莫尼尔发明了缝纫机，这一发明逐渐在车间中得以应用，从而改变了传统的制鞋业。如今，鞋店里的制鞋师傅就像以前的鞋匠那样会修鞋和制作定制鞋履。

鞋店的外观在很长一段时间都没什么变化，房间中央有一个工作台，上面堆满了各种工具。这些工具主要分为三大类：第一类，图形切割工具和其他切割工具：打孔器、带尖的圆规、裁剪刀、三角形的磨皮锉刀、磨刀石，以及一种用于制作或调整图案的机械锉刀。第二类，用于装配和执行的工具：锥子、工刀、持久钳子、木工钳、钉子、钢钉爪、穿钉锤、斧锤、护手器、衬底切割器、锉刀以及马镫。第三类，精加工工具：抛光和平滑鞋底的工具，各种皮革抛光工具和木槌。

工作室里有一颗装有蜡烛或油灯的玻璃球散发着微弱的灯光，人们称它为"鞋匠球"或"鞋匠地球仪"。工作台下面有个"科学桶"，里面装着用来浸泡皮革的水。鞋匠和修鞋工通常都坐在凳上工作。鞋店总有一处看似鸟笼的区域，称为"小黄鸟笼"或"金丝雀笼"。按照传统，修鞋匠会养一盆罗勒或一棵名叫萨维蒂埃的橘子树来掩盖旧鞋的气味。工匠还可以自称"旧鞋和新鞋制造商"，表明他的工作主要是制作新鞋和修复磨损的鞋子。

罗马国际鞋履博物馆里的绘画作品为我们呈现了 17 世纪至 19 世纪末的制鞋世界。最重要的是，它向我们展示了几个世纪以来制鞋工具的持久性，而且这些工具仍然可以在现在的车间中找到。

绅士俱乐部

奥尔加·贝鲁蒂发明了一种非常特殊的月光擦鞋艺术，揭示了她在抛光艺术方面的研究。那些追求漂亮鞋子的人在马尔博夫街逗留时，听到了奥尔加娓娓动听地传授她的抛光知识，仿佛将他们带到了另一个世界。这些会面既具有专业性又十分友好，还富有活力，于是，催生出了绅士俱乐部，以此纪念马塞尔·普鲁斯特作品中透露出来的那种精致氛围。

美学家圈子中将有一百名成员享有特权参加奥尔加一年一次的抛光活动，该活动让人轻松又愉快。信徒们总会在月光之下脱掉鞋子，并将它放在铺有白色锦缎台布的桌上。桌上烛台散发出的光芒让鞋子显得更加亮丽，这道光芒还照亮了整个仪式的主会场。他们用威尼斯亚麻布方巾裹住手指，浸入蜡中，按摩皮革，然后开始抛光，起初是用水，后来改用香槟。

绅士俱乐部从未全体聚在一起过。有些人住得很远，但他们都热切地前来参加。聚会地点也在不断变化。人们在这些独特的夜晚是不会觉得无聊乏味的，它会带人逃离，体会一段幸福的时光。

跨页图　1996年，绅士俱乐部成员参加保罗·明切利的抛光活动。

雷内·凯蒂

阿道夫·卡拉斯（Adolphe Carraz）的鞋厂是时尚界最著名的品牌之一，专门制作价格高昂的女鞋，该鞋厂于 1909 年开业，一共雇了 32 名工人；1931 年左右，通过家族联盟演变成了知名的"卡拉兹和凯蒂"企业。1948 年，该企业推出了一款新品"芭蕾舞鞋"，迅速取得了巨大的成功，并于 20 世纪 50 年代末达到了事业的顶峰。

神话延续——中国版的灰姑娘

公元 9 世纪，也就是夏尔·佩罗之前、斯特拉波之后，中国文本中记载了中国版的灰姑娘神话故事。故事中有一位有权势的男子，娶了两位妻子，每位妻子都生了一个女儿。其中一个女儿名为叶限。叶限的父母去世后，她便与继母同住，继母经常派她去打水。有一天，叶限打上来一条鱼，红色的脊鳍，金色的眼睛。她便将它放到一个池塘里，每天她呼唤这条鱼时，它都会出现。

继母趁叶限不在时杀了这条鱼，还吃掉了它，然后把鱼骨藏在粪坑里。后来，年幼的叶限再也找不到鱼了，就号啕大哭了起来。随后，有人从天而降告诉她，把鱼骨从粪堆中取出，放在自己的屋里，需要什么只管向它祈祷，都可以如愿以偿。叶限按照他的方法去做，果然获得了黄金、珍珠，还有食物。

此时，叶限的继母（带着自己的女儿）已经前往村里参加庆祝活动，将她留下来看家。等她们离开之后，叶限穿上蓝色的裙子和金色的鞋子也跟着去了，她的出现惊艳了在场的每一个人。为了赶在继母和同父异母的妹妹回家之前，她只好匆忙返回家中，在途中丢失了一只金鞋子。邻近国家的国王买下了这只金鞋以便寻找这位女孩，并下令全国所有的女孩都穿上试了一下，竟然没有一个合适的。最终，他在叶限的家中找到了另一只金鞋，后来他们就结婚了。

上图　路易威登推出了一款格纹女式浅口鞋，制作于 1998 年的巴黎，现藏于罗马国际鞋履博物馆。

▌术语表

A

踝靴（ankle boot）：自 1940 年起，冬季非常流行穿这款女鞋。严格来说，它是一种带有毛皮衬里的短靴，毛皮衬里显露出来起到装饰的作用。

B

平底拖鞋（babouche）：平底拖鞋是指一种由彩色皮革制成的拖鞋，没有鞋面和鞋跟。根据《利特雷词典》的说法，它很可能出自伊朗，通过波斯语中"papoutch"一词（pa 表示"脚"，pouchiden 表示"覆盖"）得到了证实。

靴子（boot）：一种可以同时覆盖脚部和腿部的鞋子，并且鞋身长度不一。

靴钩（boot hook）：一种是穿过靴襻的挂钩，方便人们穿上靴子；还有一种是带有凹槽小木板，可以将脚放进其中，方便人们脱掉靴子。

短筒女靴（bottine）：这是一款小型靴子，鞋帮高出脚踝可以覆盖到小腿的不同位置，并用系带或纽扣将其系紧。到了中世纪，人们称短筒女靴为无底靴，就像鞋罩或家居鞋套那样套在鞋上。19 世纪，从复辟时期结束之后，女人们都穿着各种款式的短筒靴子，无论是采用优良的皮革还是织物制成的女靴，上面都饰有花边或纽扣，于是就发明了绊钩。20 世纪初，女人们穿着优雅的短筒女靴，这款靴子鞋面高至小腿。一战之后，短筒女靴逐渐消失。

带扣（buckle）：通常是用金属制成的配件，用于固定鞋子，有时带有鞋舌，有时则不带。装饰带扣，即专门用于装饰的带扣。17世纪，鞋扣通常由贵重金属制成。1670—1680年间，带扣取代了鞋上的蝴蝶结，这些带扣周围装饰着真、假珍珠和钻石。用于哀悼场合的带扣呈青铜色，不会镶有珍贵的宝石。带扣放在珠宝盒中，适用于各种各样的鞋子。到了18世纪，它们从小巧的长方形演变为圆形和椭圆形，以追逐时尚潮流。路易十五统治末期，带扣的外形逐渐变大并在路易十六时代出现了方形，此时的男鞋带扣可以覆盖整个脚部。

锁扣连接带（buckle attachment strap）： 一种短绳带，经缝制固定在鞋面上，然后按照特定的方式折叠起来，形成一个能够容纳锁扣的部分。

C

罗马鞋（campagus）： 古罗马时期的鞋子，形如短筒女靴，穿这款鞋时脚部会显露。它通常采用毛皮装饰，上面还饰有珍珠和宝石，是将军的专属鞋款。如果它是深红色的话，那就是专为皇帝供用的。

高跟鞋（chopine）： 这是16世纪威尼斯流行的一款女鞋，也被称为"穆勒高跷鞋"或者"牛脚鞋"。这款鞋子形状怪异，由丝带将其固定在脚上，有着令人惊讶的鞋底厚度，其厚度可达52厘米。

木底鞋（clog）： 它源自古文明时期的"soccus"，意为平底拖鞋，是一种由木质鞋底和系带固定在脚上的鞋子。从中世纪开始，人们穿着带有皮革鞋底的镫靴和鞋履，一直延续到17世纪城市靴子的出现。

D

拉拔桥鞋（drawing bridge shoe）： 又名吊桥鞋（pont-levis）。亨利四世之前，男鞋都是无跟的。到了16世纪末和17世纪初，他们便制作了鞋跟，在鞋底下方留有空间，因此称它为吊桥鞋。

E

帆布便鞋（espadrille）： 这种布鞋带有编织绳制成的鞋底，流行于西班牙和法国中部地区。

鞋眼（eyelet）： 用来加固穿孔的镂空金属片，有时人们会把它放在鞋带孔里。

F

花式足尖部（floral toe）： 鞋子的足尖部位饰有大小不同的孔眼。该名称可以追溯到20世纪初，因为它最常见的图案便是花朵。

G

固特异（goodyear）：这项专利（源自发明人的父名）的名称最初来自著名的"固特异缝法"。1862 年，奥古斯特·德图伊发明了一种用弯针缝制皮革鞋底的机器，并获得专利。查尔斯·固特异的儿子小查尔斯·固特异是美国橡胶硫化工艺的发明者，于是，他运用这项工艺对缝制方法进行改进，并于 1869 年注册了缝纫机专利。

L

系带（lacing）：牛津鞋通常采用最优雅的横向系带方式，而德比鞋则常常采用交叉系带方式。

拉德林（ladrine）：路易十三时期，拉德林靴子十分流行，这款靴子的长度高至腿中部，就像漏斗一样倒放在小腿上。它上面还饰有毫无用处的马刺，甚至还可以在舞会上穿。为了避免马刺撕破裙子，人们还用皮革包裹它。

鞋楦制作师（last-maker）：负责创作鞋楦的技术人员，也是批量生产鞋楦的制造商。

莱曼·雷德·布莱克（Lyman Reed Blake）：莱曼·雷德·布莱克是一名来自美国的技术人员。1858 年，他发明了一台可以用锁链针将鞋垫直接缝合到鞋底的机器。戈登·麦凯收购了他的专利，并进一步改良了这项专利。

M

穆勒鞋（mule）：一款无后跟的轻便家居鞋。

P

黑脚（pieds noirs）：专指北非法国殖民者，北非殖民地的后裔们创造了这个自称，不是阿拉伯人给他们取的，这可不是巧合。他们自称为黑脚，是因为他们穿的鞋子相比那些不靠谱的摩洛哥拖鞋来说，所使用的材料既坚固又舒适。

皮加奇（pigache）：这是一款 12 世纪的鞋子，脚趾呈尖状或钩状，有时还装饰着小铃铛，其风格可以追溯到古文明时期。

砖型鞋底（platform sole）：鞋面和鞋底之间插入的一层厚实的中底，其边缘可以进行涂覆或装饰。

抛光刷（polishing brush）：用于擦鞋的马皮刷子。

Q

鞋腰（quarter）：它指的是鞋子上方对称排列的两部分，延伸至脚背或者附近位置以闭合鞋子。

R

鞋花（rose）：路易十三时期，为了装饰男鞋和女鞋，会在鞋背上放置蝴蝶结和丝带，用来遮盖鞋带或鞋扣。由此形成了鞋花，通常比较大，呈聚拢或褶皱状，宛如一朵大丽花。到了路易十四时期，带扣便取代了鞋花。

S

圣克利斯平和圣克利斯皮尼安（Saint Crispin and saint Crispinian）：1660 年，圣克利斯平和圣克利斯皮尼安成为鞋匠的守护神。雅克·奥芬巴赫在歌剧《巴黎生活》中有这样一句台词："在圣克利斯平的保佑下，我们顺利到达目的地，享受着美食带来的喜悦，圣克利斯平保佑……"

凉鞋（sandal）：凉鞋从古埃及、希腊和罗马时代就开始流行了，这种简单的鞋子由鞋底和各种宽度的带子或条带组成，虽然组装方式不一，但脚部总是显露在外的。如今，有些宗教教会仍有穿凉鞋的习惯。

弓形垫（shankpiece）：用一种长条状的皮革、木材、钢铁或塑料制成的物品，放置在鞋柄处，让鞋子拱部更加结实用以支撑脚弓。

鞋拔（shoehorn）：它是一条由金属、牛角或塑料制作而成的条块，辅助脚部顺利进入鞋内。根据创作于 13 世纪巴黎的《艺术、工艺和职业历史词典》（作者为阿尔弗雷德·富兰克林），人们在 16 世纪时期采用的是一根皮带或者牛角来辅助脚部伸进鞋子。1570 年，在一份皇家账目中记载了以下两条注释："割下四分之一的摩洛哥山羊皮革来制作鞋拔，然后放入衣柜……"，"拿来三根牛角鞋拔伺候小傧相……"《特雷武词典》几乎照搬了这段话，还补充说道："过去，人们通常用牛角甚至铁来制作鞋拔。"学院在 1778 年的版本中指出了这样一句谚语："没有鞋拔子也能穿进去"，意思是"成功毫不费力，比人们想象中更加容易"。

拖鞋（slipper）：这款鞋子轻巧且柔软，用途广泛，可以当作家居拖鞋、芭蕾舞拖鞋、击剑拖鞋和毛线鞋。滑雪靴或步行鞋里面有一块可拆卸的部分，它能够确保脚部和鞋子贴合的距离和柔软度恰到好处。

平底拖鞋（soccus）：这款拖鞋或鞋子没有鞋带。在希腊，男女都可穿这款鞋子；但在罗马，只有女人和喜剧演员才可以穿，这与悲剧演员穿的厚底高筒靴形成了鲜明对比。

起居拖鞋（solea）：这是一款极简风格的罗马凉鞋，由木质鞋底和一根越过脚背的绳子构成。

钢甲靴（solleret）：之前称之为佩迪厄（pédieu），上面有盔甲，用来固定和保护脚部。起初，它只能保护脚背，而脚的其他部分都会露在盔甲下方。这种鞋款在14世纪被分割成几个铰链式的锦缎，形成了一系列拱形或类似蝎子尖尾的形状，因此，在15世纪将它称为"波兰那"式尖头鞋。查理八世时期，钢甲靴呈匙嘴形，宛如熊爪，直到弗朗索瓦一世统治时期，它才变成了鸭嘴形状。但到了查理九世时期，这种钢甲靴便销声匿迹了。

马镫皮带（stirrup strap）：一种固定脚部的皮带，连接到膝盖部位，主要用于制作或修理鞋子。

靴子（stivali）：14世纪，人们将靴子视为夏季的轻便鞋。它们是由柔软的兽皮或布料制成高筒靴，有红色或黑色，男女均可穿。

T

鞋喉（throat）：在制鞋过程中，鞋喉是指鞋面延伸到脚背的部分。

鞋舌（tongue）：直到15世纪末，鞋舌通常位于脚背处并用绳子系在一起，人们称之为"长尾"。牛津鞋或德比鞋的系带下方有一块防护翻盖。乐福鞋或软帮鞋没有鞋带，部分鞋面延伸用来遮盖和隐藏松紧带。

U

鞋面（upper）：与鞋底相对，是鞋子的上面部分，旨在装饰和保护脚的顶部。

W

沿条（welt）：为了加固鞋底而缝在鞋面边缘的小块皮革。

上图 《学校回顾》（*The Review of Schools*），扬·维哈斯（Jan Verhas）绘，现藏于布鲁塞尔比利时皇家艺术博物馆。

参考书目

Marie-Josèphe *Bossan, Livre guide du musée international de la chaussure de Romans édité par l'association desamis du musée de Romans*, 1992.

François Boucher, *Histoire du costume, Paris*, 1965.

Eugénie Debouté, *Sans feu ni lieu un maître spirituel au temps de la Fronde – Jean-Antoine le Vachet*, Châtillon 1994.

Yvonne Deslandres, *Le Talon et la mode*, 1980.

Catherine Férey – Simone Blazy, *Des objets qui racontent l'histoire*, Saint-Symphorien-sur-Coise, December 2000.

Paul and Jacqueline Galmiche, *La Saga du pied*. Erti, Paris 1983.

Victor Guillen, "La légende des sabots de Bethmale",in *Chausser*, Spezialausgabe.

Paul Lacroix, *Histoire des cordonniers*, Paris, 1852.

D. Pfister, "Les chaussures Coptes", in *Revue de l'Institut de Calcéologie n° 3*, 1986.

William Rossi, *Érotisme du pied et de la chaussure*, Cameron Sait Amand Montrond, 1978.

Jean-Paul Roux, *La Chaussure*, Paris, 1980.

Marie-Louise Teneze, "Cycle de Cendrillon", in Bulletin n° 1 de l'Institut de Calcéologie, 1982.

Marie-Louise Teneze, "Le Chat botté", in *Bulletin n° 2 de l'Institut de Calcéologie*, 1984.

Marie-Louise Teneze, "Le Petit Poucet", in *Bulletin n° 3 de l'Institut de Calcéologie*, 1986.

Jean-Marc Thévenet, *Rêves de Pompes, Pompes de Rêves*, Paris 1988.

Gabriel Robert Thibault, "L'exaltation d'un mythe: Rétif de La Bretonne et le soulier couleur rose."

In Bulletin n° 4 de l'Institut de Calcéologie, 1990.

Loszlo Vass and Magda Molnar, *La chaussure pour homme faite main*, Germany, 1999.

Correspondance de Pasteur, gesammelt und mit Anmerkungen versehen von Pasteur Vallery-Radot, Flammarion, 1951.

Le Musée, la Chapelle funéraire, Institut Pasteur.

Dictionnaire de la Mode au XXe siècle, Paris 1994.

La Mode et l'enfant, 1780-2000, Musée Galliera, Musée de la Mode de la ville de Paris, April 2001.

Le Soulier de Marie-Antoinette, Caen – Musée des beaux-arts, Caen 1989.

XVIIe siècle, Lagarde and Michard, Bordas.

XIXe siècle, Lagarde and Michard, Bordas.

XXe siècle, Lagarde and Michard, Leonard Danel Loos (Nord), 1962.

Grammaire des styles

– *Le costume de la Restauration à la Belle époque.*

– *Le costume de 1914 aux années folles.*

– *4000 ans d'histoire de la chaussure*, Château de Blois, 1984.

右图　这是一双恋物癖者的靴子，侧边有 32 个纽扣。鞋跟高度为 28 厘米。制作于 1900 年左右的奥地利维也纳。纪廉收藏，现藏于罗马国际鞋履博物馆。乔尔·加尼耶摄影。

■ 致谢 ————————————————

罗马博物馆之友协会、韦罗妮克·奥鲁、查尔斯·特雷内特协会、穆娜·阿尤布、米里埃尔·巴比尔耶（巴黎加列拉宫时尚博物馆）、劳尔·巴萨尔、盖伊·布拉齐（里昂纺织和装饰艺术博物馆首席策展人）、西蒙娜·布拉齐（里昂加达涅博物馆首席策展人）、让·贝尼丘博士、巴黎贝雷斯画廊、奥尔加·贝尔鲁蒂、亨利·贝托莱特（罗马市长）、乔治·比德盖恩、保罗·博古斯、左岸价廉（玻玛晒）百货公司、奥利维尔·布伊苏（法国鞋业联合会总代表、巴黎国际鞋展和莫德展会总专员）、西蒙·布劳恩博士、皮埃尔·布里索、斯蒂芬妮·布苏蒂尔、玛丽-诺埃尔·德·卡尼（巴黎皮鞋时尚办公室）、让-克劳德·卡里耶尔、让-保罗·卡雷教授、皮埃尔·凯蒂、查尔斯·卓丹、里昂的中央皮革技术中心、盖伊·乔伊纳德教授、罗伯特·克雷哲里、法国皮革行业协会、帕特里克·考克斯、阿斯特丽德·萨尔基斯·德·巴利安、凯格齐克·萨尔基斯·德·巴利安、苏菲·德斯坎普斯、亨利·杜克雷特、蒂埃里·杜弗雷斯内、让－皮埃尔·杜普雷、皮埃尔·杜兰德、弗朗索瓦丝·杜兰德、法比安·费卢埃尔（巴黎加列拉宫时尚博物馆馆长）、法国鞋业联合会、菲拉格慕、马克·福拉奇尔、伊丽莎白·福卡特（卢浮宫绘画部首席策展人）、雅克·富卡特（卢浮宫绘画部总策展人）、让－保罗·福尔霍克斯、帕斯卡尔·吉鲁、多米尼克·戈贝尔蒂耶、伯纳德·古特诺瓦、弗朗索瓦·格拉维尔、塞西尔·吉纳德（罗马博物馆）、妮可·赫奇伯格（罗马人博物馆文献中心经理）、克劳德·詹姆斯、维罗妮克·杰梅特、克劳黛特·乔安尼斯（马尔迈松和布瓦－普雷奥博物馆副馆长）、罗兰·卓丹、戴利·卓丹－巴里、伊莎贝尔·朱莉娅（博物馆总督察局馆长）、斯蒂芬·凯利安、吉纳维耶夫·拉坎布（遗产总策展人）、克里斯蒂安·拉丰特（负责城市规划、遗产和造型艺术的助理）、弗朗索瓦丝·莱格勒（新闻记者）、卡尔·拉格斐、莉迪·劳皮斯、安德烈·劳伦辛、贝内迪克特·莱布兰、克里斯蒂安·勒邦、西尔维·勒弗兰克（巴黎皮鞋风格办公室创始人兼前主任）、埃里克·勒马雷克、珍妮·隆戈、弗朗索瓦丝·梅森、克里斯蒂安·马兰代特、苏珊娜·马雷斯特（巴黎皮革鞋风格办公室造型师顾问）、劳伦斯·马萨罗、雷蒙德·玛萨罗、雅克·马扎德博士、安德烈·默尼耶、让－雅克·莫雷尔博士、穆辛－普希金伯爵和伯爵夫人、日内瓦艺术与历史博物馆、瑞士舍嫩韦德巴利博物馆、巴黎人类博物馆、罗西塔·内诺（德国皮革和鞋类博物馆馆长）、凯瑟琳·佩罗切特（罗马博物馆）、安妮·朗德、安尼克·佩罗（巴斯德博物馆馆长）、安德里亚·菲斯特、帕特里克·皮查万特、帕斯卡·皮图、埃尔韦·拉辛、斯蒂芬尼亚·里奇（萨尔瓦多·菲拉格慕博物馆馆长）、休格特·鲁伊特、乔尔·鲁、鲁保罗（法国国家科研中心的名誉研究导师、卢浮宫学院伊斯兰艺术荣誉终身教授）、罗马城通讯部、布里吉特·让·舒曼、亚历山大·西拉诺西安（国立音乐舞蹈学院院长）、陈西维博士、让·奇林吉里安、亨利·特雷斯、弗朗索瓦丝·泰塔特－维图（巴黎时尚博物馆平面艺术办公室负责人）、奥利维尔·蒂努斯、托德斯、皮埃尔·特罗斯格罗斯、热拉尔·特平和热拉尔·贝努瓦－维维亚。

图书在版编目（CIP）数据

鞋的历史 / (法) 玛丽·何塞·博桑著；田明刚，
秦丽译. -- 广州：广东人民出版社, 2025.7. -- ISBN
978-7-218-18495-1

Ⅰ. TS943-091

中国国家版本馆CIP数据核字第2025SL5388号

著作权合同登记号 图字：19-2024-241 号

XIE DE LISHI

鞋的历史

［法］玛丽·何塞·博桑 著 田明刚 秦丽 译 　　　　版权所有 翻印必究

出 版 人：肖风华

责任编辑：吴福顺
责任技编：吴彦斌 赖远军

出版发行：广东人民出版社
地　　址：广州市越秀区大沙头四马路10号（邮政编码：510199）
电　　话：（020）85716809（总编室）
传　　真：（020）83289585
网　　址：https://www.gdpph.com
印　　刷：北京中科印刷有限公司
开　　本：787 毫米 × 1092 毫米　　1/16
印　　张：22　　字　　数：330千
版　　次：2025年7月第1版
印　　次：2025年7月第1次印刷
定　　价：268.00元

如发现印装质量问题，影响阅读，请与出版社（020-87712513）联系调换。
售书热线：（020）87717307

出 品 人：许 永
出版统筹：林园林
责任编辑：吴福顺
特邀编辑：张春馨
封面设计：刘晓昕
内文制作：张晓琳
印制总监：蒋 波
发行总监：田峰峥

发 行：北京创美汇品图书有限公司
发行热线：010-59799930
投稿信箱：cmsdbj@163.com

创美工厂
官方微博

创美工厂
微信公众号

小美读书会
微信公众号

小美读书会
读者群